會展文案編寫要領

以中國為例

Event Administrative
Communication

國敏、丁婷婷、秦蕙蘭、姜秀珍、李琴　編著

崧燁文化

U0075248

目　　錄

前　言

　　本書由作者結合會展文案發展的實際情況和三年來教學經驗總結，作了較大幅度的修改而成，作者在書中進一步理清了一些會展文種的含義、特點、適用範圍和寫作格式，充實並改寫了部分例文，著重介紹寫作方法，使這本教材更具有寫作指導性和實用性。

　　本書共分十章：向國敏編寫第一章、第四章和第六章，併負責全書的統稿；丁婷婷編寫第二章和第三章；秦蕙蘭編寫第五章和第七章；姜秀珍編寫第八章；李琴編寫第九章和第十章。全書框架結構等內容彙集了所有參編人員的智慧，是大家在互相幫助，共同商談的基礎上共同完成的。本書既可作為會展、旅遊與行業管理人員、一線工作人員等廣大從業人員的培訓教材，也可作為會展、旅遊等專業院校和培訓機構的參考用書。

　　在編寫過程中，得到了周紅、丁輝君、王濟明、章學強等人的參與和支持，何紅麗、劉少湃、趙寧和傅國林做了大量具體工作，在此表示衷心感謝！

　　由於時間倉促和編者水平有限，本書疏漏之處懇請批評指正。

編者

第一章　會展文案概述

第一節　會展文案的含義和種類

一、會展文案的含義

會展活動是一種以追求經濟效益為主要目的，以市場運作方式提供社會化服務，以會議、展覽和節事活動為主要形式的集體性、綜合性的資訊和物質交流活動。會展活動中，資訊高度密集、高度共享，其來源主要有以下兩個方面：一是會展管理過程中產生的資訊，二是會展活動本身產生的資訊。這些資訊用語言文字記載下來，就形成了會展文案。

準確地說，會展文案是指因會展活動的需要而產生並在會展管理和舉辦過程中使用，以語言文字為主要工具，記載會展資訊的各種文書材料及其整理歸檔後的案卷。也就是說，會展文案既可以指當前正在運作、發揮現實效用的會展文件或會展文書，又可以指經過系統化整理立卷並歸檔、正在或即將發揮歷史效用的會展檔案。

會展文案的外延十分寬泛。凡是會議、展覽、節事活動的組織者（包括主辦方、承辦方和協辦方）或贊助者在籌備、舉辦、善後三個階段中製作、發布、回饋、簽訂的文書，或者與會者、參展者、客商之間洽談、討論、審議、交流的文件以及經過磋商、表決而產生的文件，都可以列入會展文案的範疇。

二、會展文案的種類

（一）按會展文案的功能

1.會展管理和規範文案

包括條例、規定、辦法、細則、公告、通告、通知、通報、報告、請示、批覆、函、會議紀要等，又通稱為會展公文。

2.會展策劃和立項文案

包括會展申辦請示（函）、會展可行性研究報告、會展項目意向書、會展項目建議書、會展策劃方案等。

3.會展招展、招商、招標文案

包括招展和招商公告，招展、參展和招商邀請函，參展說明書，招標和投標書等。

4.會展宣傳推介文案

包括會展廣告、會展消息、會展新聞稿、會展簡報、會展宣傳手冊等。

5.會展社交禮儀文案

包括邀請函、請柬、感謝信、歡迎詞、歡送詞、祝酒詞、開幕詞、閉幕詞等。

6.會展事務文案

包括會展工作計劃和總結，會議和展覽日程，會議和活動程序，簽到簿，報到註冊表，作息時間表，會展調查問卷，會展調查報告，會展評估報告等。

7.會展成果文案

包括會議的各種報告、議案、提案、決議、決定、紀要、公報、條約、協定、備忘錄、聲明、宣言等。

8.會展財務文案

包括會展企業的經濟活動分析報告、財務狀況說明書、財務狀況評價書、財務分析報告等。

9.會展合約文案

包括各類會展合約和協議書。

10.會展法律文案

包括調解文書、仲裁文書、訴訟文書。

（二）按會展文案形成的時間

1.會展前文案

會展前文案是指在會展活動籌備階段形成和使用的文案，包括會展管理、策劃、申辦、招展、招商、招標、合約、廣告、宣傳以及部分事務禮儀文案，有些會展主題成果文案也往往需在會展活動正式舉行之前提交草案。

2.會展中文案

會展中文案是指在會展活動正式舉行過程中產生的文案，如各種記錄、簡報、消息、會刊以及決議、決定、聯合聲明、倡議書、交易合約等，其中一部分是從會展前文案（草案）轉化而來的。

3.會展後文案

會展後文案是指在會展活動結束後，為追蹤、總結、評估、宣傳會展活動而製作的文案，包括會展總結評估文案以及部分主題成果文案和資訊宣傳，如會議紀要、會展新聞發布稿、感謝信等。

（三）按會展文案的行文關係

1.上行文

即向具有隸屬關係，或雖無隸屬關係，但在特定的業務範圍內受其職權管理的高級別機關上報的行文。會展請示、會展報告、可行性研究報告、項目建議書、會展簡報等，都可以向上級機關上報。

2.平行文

即平行機關和單位之間，或者既不隸屬又無職權上管理與被管理關係的、級別不相等的機關或單位之間，以及高級別機關與受對方職權管理的低級別機關的相互行文。如通知、函、會議紀要、邀請書等。

3.下行文

即向具有隸屬關係，或雖無隸屬關係，但在特定的業務範圍內受本機關職權管理的次級別機關發出的行文。如決定、決議、意見、通知、通報、批覆、會議紀要等。

4.輻射行文

即特定機關或單位根據工作需要，在自己的職權範圍內同時向上下左右社會各個方面告知或要求遵照執行、辦理的行文。輻射行文一般透過媒體公開發布，如公告、通告、公報、聲明、宣言等都屬於輻射行文的文種。

有些文種存在兼類的情況，如通知和會議紀要既可以是下行文，也可以作為平行文。

（四）按會展文案的稿本性質

1.討論稿

討論稿適用於提交會議討論研究但不需要表決或磋商透過的會議文件，有時又稱徵求意見稿。

2.送審稿

討論稿經過反覆修改，文字內容已基本成熟，最後提交上級機關審批或領導人簽發的稿本稱之為送審稿。

3.草案

草案特指某一法定組織或會議正式成員提交給特定的會議進行審議、表決或磋商的稿本，如決定、決議、合約、協議書等會議文案，在提交時都應當稱為草案。這一點，同討論稿一般用於提交上級機關或領導人簽發是有明顯區別的。草案經過會議成員的審議，吸收各方面的意見加以修改並謄清，最後提交會議成員進一步審議或表決，稱為修正草案。

4.定稿

送審稿一旦經過領導人的簽發，草案一旦在會議上獲得透過或會議成員共同簽署，便轉化為定稿，具有法律行政效力。但是，定稿一般只有一份，是印製正本的依據，不直接外發，由發文機關歸檔保存備查。

5.正本

正本具有以下特徵：一是根據定稿的文字內容製作，也就是說，正本的內容必須同定稿完全一致；二是發送給主送機關（即主要辦理機關），也就是說，發給其他抄送機關的文件不屬於正本；三是在格式上必須具備法定的生效條件，如正式會展文案必須加蓋公章或由領導人簽署。

6.副本

副本是相對於正本而言的，是經法定作者同意或受其委託，根據正本的內容與格式進行原樣複製，具有與正本同等法律和行政效力的稿本。談判或協商達成的文案的副本應當在條款中確認其法律效力，並規定副本的數量和保存方式，但一般不簽字、不蓋章，或只蓋章、不簽字。

第二節 會展文案的特點和作用

一、會展文案的特點

（一）寫作主體的廣泛性

會展文案寫作的主體包括制定會展法律和法規的立法機關，制定會展行業政策、規劃和規章以審批有關會展舉辦申請的行政管理機關，會展活動的主辦者、承辦者、協辦者、贊助者、支持者，以及會展活動的與會者、參展者、客商等。可見只要同會展活動有關的國家機關、政黨、企事業單位、社會團體、國際性的政府組織和非政府組織，都可以成為會展文案寫作的主體，因而具有廣泛性。

（二）寫作目的的實用性

會展文案寫作是「為事而造文」。這裡的「事」泛指圍繞會展管理和會展活動的一切事件，可以是頒布一項新的會展法規和政策，也可以是申報一個會展項目或發布一條舉辦會展活動的資訊。總之，會展文案寫作具有鮮明的實用性。

（三）傳播對象的特定性

會展文案一般都有特定的傳播對象，主送機關、抄送機關、稱

呼等格式項目就是用來明確具體的傳播對象。有些文案雖然不寫主送、抄送機關或稱呼，但常常採取定向發送的方式，如參展說明書、會展調查報告、展覽評估報告等。即使是公開發布、廣而告之的文案，其傳播對象也總是特定行業或者特定專業內的目標客戶和潛在的合作夥伴。

（四）結構體式的規範性

結構體式的規範性包括兩方面的要求：一是指會展文案的結構體式要符合法定規範和標準，如會展公文、會展法規和規章、會展合約、會展招標投標文件等；二是指會展文案寫作的結構體式要符合社會約定的規範。在長期的寫作實踐中，人們對應用文體的結構體式形成了一系列行之有效、簡便實用的約定性規範，如書信體格式、簡報格式等。因而，大多數會展文案的結構體式都應當遵循社會約定的規範。

（五）擬稿製發的時效性

會展文案是為反映和解決會展活動中的現實問題而製發的，因此會展文案從擬稿到製發講求時效性顯得尤為重要。延誤時間，錯過機會，不僅會使會展文案失去應有的效用，成為一紙空文，而且還會給實際工作帶來一定的損失。

二、會展文案的作用

（一）記載會展資訊

現代會展活動，是會議、展覽、節事同經濟活動相互交融的產物，是人們交流和互動資訊的重要平台。在這一過程中，需要運用會展文案來記錄資訊，並在記錄的基礎上進行發布、溝通、交流、保存，以發揮其現實和歷史的效用。因此，記載會展資訊是會展文

案的根本作用。

（二）實施會展管理

會展文案是實施會展管理的重要工具。國家有關行政機關以及會展行業組織需要以會展文案的形式發布會展管理的規章，制定會展管理的政策，進行會展管理和協調；會展企業需要透過會展文案實施內部管理，提高經濟效益；此外，會展活動本身具有高度的組織性，任何一次會展活動的成功舉行無不需要依靠一系列的會展文案才能完成策劃、立項、實施、總結等工作環節，從而實現對會展活動流程的組織與管理。

（三）促進交流和溝通

會展是一項資訊密集的交流活動，會展文案則是促進會展參加對象之間資訊交流與溝通的媒介。如會議議案、會展簡報、大會報告、展品介紹等會展文案能使資訊以最快的速度在參加對象之間相互交流，從而發揮其溝通思想、交換意見、彌合分歧、促成共識、協調關係、宣傳品牌、達成交易等作用。

（四）體現過程和成果

會展文案是會展活動的縮影，既全面反映會展活動的過程，又集中體現會展活動的成果。比如，會議記錄、會談記錄等文案是對會展活動真實情況的客觀記載；決定、決議，宣言、意向書、協議書等文案，體現了會展活動的成果，標誌著會展活動取得了圓滿的成功。

（五）提供查考利用

會展活動中形成的各種文案，反映了會展管理過程以及相關組織參與會展活動的情況。在完成現實使命後，其中有保存價值的部

分經過立卷、歸檔，便轉化為檔案，成為會展活動的歷史見證，以供後人查考、研究和利用，為後人實施會展管理、舉辦會展活動提供歷史借鑑。

第三節 會展文案寫作的含義和基本要求

一、會展文案寫作的含義

會展文案寫作的含義可以概括表述為：以語言文字為工具，以規範或約定的文章體式為載體，記錄和表達會展資訊的活動。這一含義表明：首先，會展文案寫作是一種寫作活動，必須遵循寫作的一般規律和要求。其次，會展文案寫作是一種應用寫作活動，按照規範或約定的文章體式並以記錄和傳遞實用性資訊為目的。再次，會展文案寫作是圍繞會展活動進行的寫作活動。在會展文案寫作中，會展是資訊的內容，文案是資訊的載體，寫作則是作者將內容和載體有機結合的智力勞動過程。會展文案寫作應當以記載和表達會展資訊為使命，以揭示會展活動的規律為宗旨，以推進會展策劃、組織、管理等各項工作為目的。

二、會展文案寫作的基本要求

（一）主題要正確、鮮明、集中

主題是文章的靈魂。會展文案的主題要正確反映會展管理和會展活動的客觀實際，在符合有關的法律、法規和政策的前提下，所表達的立場、觀點、態度、原則必須旗幟鮮明；所提出的意見、措施和辦法要符合實際、切實可行，並且做到「一文一事」、主題集

中，以幫助受文者正確認識和把握會展管理和會展活動的發展規律。

（二）材料要真實、典型，緊扣主題

材料是構成文章的基礎。會展文案的材料首先要做到真實可靠，切忌弄虛作假；其次，既要有廣泛代表性，又要能夠深刻反映事物的本質規律，具有典型性；再次，材料必須為表現主題服務，凡是能夠有力地說明或突出主題的材料，就要決然入選，一切與主題無關或與主題相牴觸的材料，應當堅決捨去。

（三）結構要完整、規範、連貫

會展文案的結構一般由標題、稿本性質、題注、作者名稱或姓名、稱呼、主送機關、正文、落款（包括發文機關、印章或簽署）、成文時間等要素組成。這些要素並非每份會展文案都必須具備，寫作時可根據會展文案的性質、類型加以選擇，合理組合，保證結構的完整性。如通知一般應具備標題、主送機關、正文、落款和成文時間五項要素。

會展文案結構的每一部分都具有特定的表達功能和寫作模式，具有較強的規範性。如標題應當揭示會展文案的主題或事由。正文一般包括開頭、主體和結尾三部分。開頭要闡明製發會展文案的目的、依據和原因；主體應當詳細說明情況，包括經過、任務、要求、辦法、意見等；結尾或發出號召、提出希望，或請求批覆，或予以強調。

結構的連貫性包含三個方面的具體要求：第一，會展文案正文的各部分要做到前後相連、意脈相通、邏輯嚴密；第二，要有必要的過渡，使上下文之間能自然地銜接起來，引導讀者的思路從上文

過渡到下文；第三，要有合理的照應，做到正文和標題、開頭和結尾、上文和下文相互呼應。

（四）語言要樸實、精煉、準確

不同的會展文案在語言風格上應當各具特色，但樸實、精煉、準確是各種會展文案寫作共同的語言要求。語言樸實，要求做到語言通俗、質樸，不生造詞語，不使用生僻字，不裝腔作勢，不說空話、套話。語言精煉，要求做到惜字如金，儘量使用規範化簡稱、專用書面語、習慣用語，當若干詞語的中心語相同時，可共用一個中心語。語言準確，要求做到概念明確，用詞貼切，語法正確，避免歧義。

第二章　會展公文

第一節　公文概述

一、公文的含義

公文是指法定機關、部門和單位在管理過程中所形成的具有法定名稱、法定效力和規範體式的文書。

公文的這一基本含義可以從以下幾個方面來理解：公文形成的主體必須是法定的機關、部門和單位；公文製發的目的是行使職權和實施管理；公文具有法定名稱、法定效力與規範體式，這是公文區別於其他文書材料的主要特點。公文是辦理公務的重要工具之一，任何一個機關、部門、單位在開展工作時都要使用這一工具。

二、公文的特點和作用

（一）公文的特點

1.法定的權威性

公文的法定權威性體現在兩個方面：一是公文的發布者具有法定的權威性，具有特定的職權範圍；二是公文的內容和效用具有法定的權威性，對受文單位或人員有著無可非議的約束力。

2.嚴格的程式性

公文的文種選擇、撰寫和處理必須嚴格遵守國務院發布的《國家行政機關公文處理辦法》，公文的書面格式必須遵照國家質量與技術監督局發布的《國家行政機關公文格式》，不得自行其是，標

新立異。

（二）公文的作用

公文具有布政明法、管理指導、聯繫溝通、宣傳教育和記載憑證的作用。

三、公文的文種

公文包括十三種：命令、決定、公告、通告、通知、通報、議案、報告、請示、批覆、意見、函、會議紀要。

按機關的隸屬關係和職權範圍來分，機關之間行文關係大致可以分成以下五種：（1）同一系統的上下級機關，構成領導和被領導的關係。（2）上級業務主管部門和下級業務部門之間具有業務上的指導關係。（3）非同一系統的機關之間，無論級別高低，既無領導與被領導關係，又無上下級業務部門的指導關係，它們僅是一般的關係，或稱不相隸屬關係。（4）同一系統的同級機關之間的關係。（5）不相隸屬但在某些職權上屬於本機關管理，需要向所有機關和公眾公開行文而構成的輻射行文關係。

根據行文關係對公文進行分類，上行文的文種有報告、請示、意見，下行文的文種有命令、決定、通知、通報、批覆、意見、會議紀要，平行文的文種有通知、函、意見、議案，輻射行文的文種有公告、通告。通知既屬於下行文，也可以作為平行文使用。意見這一文種對上、對下、平行都可以使用。

四、公文的書面格式

公文的書面格式在文面上一般可分為眉首、主體和版記三個部分。現將這些項目分述如下：

（一）眉首部分

1.公文份數序號

公文份數序號是將同一文稿印製若干份公文時每份的順序編號。它主要是針對祕密文件。有了公文份數序號，在登記、分送和清退祕密文件時均可核點，以便查明責任。公文份數序號用阿拉伯數字頂格標註在文件首頁左上角第一行。

2.祕密等級和保密期限

祕密等級簡稱密級，按《中華人民共和國保守國家祕密法》分為三等：絕密、機密、祕密。頂格標註在右上角。如需同時標註祕密等級和保密期限，標註方法是在密級與期限之間用「★」隔開。

3.緊急程度

對一些急需處理的公文，可以在祕密等級之下標明緊急程度，上下對齊，中間空一格。緊急程度分「特急」、「急件」兩種。有的急件還可在標題的文種前面標明，如「緊急通知」。

4.發文機關標誌

一般由發文機關全稱或規範化簡稱後加「文件」二字組成。發文機關標誌上邊緣至版心上邊緣，下行文和平行文為25毫米，上行文為80毫米，居中、套紅。聯合行文，主辦機關應排列在前，「文件」二字置於發文機關名稱右側，上下居中排布。如聯合行文機關過多，必須保證公文首頁顯示正文。

5.發文字號

發文字號是指由發文機關編排的文件代號，由發文機關代字、年份、發文序號組成。機關代字應是機關名稱中最具特徵、最精

煉、最集中的概括，一經確定就不能輕易改變。年份要標全稱，置六角括號內，不能簡寫，也不能將年份置於機關代字之前。序號用阿拉伯數碼標註，序號前不可加「第」字，不編虛位。幾個機關聯合發文，只標明主辦機關發文字號。發文字號的位置，一般應標註在發文機關標誌下空兩行，居中排列。發文字號之下4毫米處印一條與版心等寬的紅色間隔橫線，作為眉首區域和主體區域的分界線。

6.簽發人

上報的公文應當標註簽發人姓名，以示對公文內容的鄭重負責。簽發人是指在核准公文文稿後同意發文的機關單位正職負責人或主持工作的負責人。簽發人姓名平行排列於發文字號的右側。發文字號居左空一格，簽發人姓名居右空一格。「簽發人」後標冒號，再標註簽發人的姓名。如果是會簽，則「簽發人」寫為「會簽人」，主辦單位簽發人的姓名應標註於第一行，其他簽發人姓名按發文機關的順序上下依次排列。

（二）主體部分

1.公文標題

公文標題一般由發文機關名稱、公文事由（主題）和文種組成，是對公文主要內容準確、簡要的概括和提示。標題中除法規、規章名稱加書名號以及並列的幾個機關名稱之間可加頓號外，一般不用標點符號。標題可分一行或多行居中排布，回行時，要做到詞意完整，排列對稱，間距恰當。

2.主送機關

又稱受文單位，也稱文件的「抬頭」、「上款」。主送機關是

指公文的主要受理機關，應當使用全稱或者規範的簡稱。主送機關
的名稱通常置於標題之下、正文之上，不管一行還是多行，均靠左
頂格寫。根據機關類型中間用頓號或逗號，最後標全角冒號。上行
文和非普發性的下行文一般只寫一個主送機關，而普發性的下行
文，則可寫若干個主送機關，多用泛稱。一些公布性的公文，一般
不註明主送機關。非同級的主送機關不要並列標印。

3.公文正文

正文是公文的主體部分，用來表達公文的具體內容，是公文的
核心。每一自然段左空兩格，回行頂格。數字、年份不能回行。正
文的結構一般由三個部分組成：一是發文緣由；二是發文事項；三
是結束語。

4.附件

附件用以說明附屬在公文正件之後的有關文件材料的名稱及件
數。附件有兩種：一種是用於補充說明或證實正文的文件材料，包
括圖表、目錄、名單、簡介等資料；另一種是隨通知等發布、批轉
或轉發、印發的文件材料。附件位於正文之下左空兩格，後標全角
冒號和名稱。附件如有序號，須使用阿拉伯數字，附件名稱後不加
標點符號。有的公文已經在正文中明確提到被發布、印發、批轉、
轉發的文件名稱，就不必再在正文之下標註附件，更不必標註「附
件如文」的字樣。

5.成文時間

成文時間是文件生效的日期。成文時間年、月、日要齊全，不
得有任何省略，並應用漢字書寫。成文時間以領導人在定稿上的簽
發日期為準；經會議討論透過的公文，以會議透過的日期為準；法

規、規章類文件以批准日期為準；兩個或兩個以上機關的聯合發文，以最後一個簽發機關的領導人的簽發日期為準。

6.公文生效標誌域

公文生效標誌域是證明公文法定效力的重要表現形式，包括發文機關印章或簽署人姓名。

（1）印章。印章是發文機關對公文表示負責並標誌公文生效的憑證。除會議紀要和由領導人簽署以及以電報形式發出的公文以外，所有公文的正本都要加蓋發文機關的印章。聯合上報的公文，由主辦機關蓋章；聯合下發的公文，聯合發文機關都應當加蓋印章。如果是由單一機關製發的公文，在落款處不署發文機關的名稱，右空四格標註成文時間。加蓋印章應當上不壓正文，但與正文或附件標誌的距離不能超過一行，以防止被人在空白處私自加入其他內容；下要騎年蓋月，即端正、居中下壓成文時間。印章一般採用下套方式，即印章的圖案和文字不壓成文時間，僅以印章的下弧壓在成文時間上。如聯合行文需蓋兩個印章時，應當將成文時間拉開，左右各空七格。兩個印章均應當壓在成文時間上，互不相交或相切，相距不超過3毫米。

（2）簽署人姓名。簽署人姓名是簽發公文的領導人在公文正本上的親筆署名，用以證實公文的效用。命令、議案、任免通知等公文常常需要由領導人簽署。需要簽署的公文一般不再加蓋公章。簽署的位置在正文之下空兩行右空四格，前面標註簽署人的職務，空兩格由簽署人親筆簽字。簽署前，應先印好領導人的職務和簽署日期。如需要簽署的文件較多，可由秘書代蓋領導人的手書體簽名章。聯合發文需要簽署的，應當共同簽署，主辦機關簽署位置在前。

7.附註

附註一般是用來說明公文的閱讀和傳達範圍、是否可以登報、翻印等注意事項。附註的標註位置在成文時間的下一行，左空兩格，加圓括號。

（三）版記部分

1.主題詞

主題詞是指從文件中抽象出來，能夠概括文件基本內容並經過規範化處理的名詞或名詞性詞組，是為了適應辦公室自動化的需要及方便文件檢索歸類的需要而設立的。主題詞位於抄送欄之上，居左頂格標註，後標全角冒號。一件公文所標註的主題詞一般為三至五個，詞目之間應當有一個字的空格。主題詞標引的順序為先標類別詞，再標類屬詞，最後標上該份公文的文種詞。標註主題詞必須在公文主題詞表中選用主題詞，上報的文件應按上級機關的公文主題詞表使用主題詞。

2.抄送機關

抄送機關是指除主送機關以外需要執行的或知曉公文的其他機關。抄送標註在主題詞下方位置，左空一格標註，後標全角冒號，用與圖文區等長的橫線與主題詞隔開。抄送機關名稱要用全稱或規範化簡稱。當抄送機關單位較多時，應依機關的性質、職權、隸屬關係依次排列。機關之間用逗號隔開。回行時與冒號後的抄送機關對齊，在最後一個抄送機關後標句號。

3.印發機關和印發時間

印發機關和印發時間是指文件製發（含翻印）情況的說明記載，包括文件製發單位的名稱和印發時間。印發機關一般是各級機

關的辦公廳（室），使用全稱或規範化簡稱；印發時間是公文付印的時間，要完整寫出年月日，用阿拉伯數字標註。印發說明位於抄送區域橫線之下，左側空一個字標註印發機關名稱，右側註明印發時間，行尾空一個字。然後在下方劃一條與圖文區等長的間隔線作底線。

4.頁碼

用阿拉伯數字標註在每頁圖文區下端。正面為單數，位於右下角；反面為雙數，位於左下角。單數頁碼居右空一格，雙數頁碼居左空一格。沒有圖文區的頁面不標頁碼。

五、公文的寫作要求：

（一）思想內容方面

公文的作用決定了公文寫作應該突出政策性、針對性和科學性。

（二）表達方式方面

公文的法定性和程式性特點決定了公文寫作主要運用敘述、說明、議論三種表達方式，而不使用描寫和抒情。

（三）文字表達方面

應該條理清楚、重點突出、銜接自然。語言精煉，既符合語法邏輯的要求，又能恰當表達內容。行文規範，書寫準確，標點正確。公文具有一些特定用語，言簡意賅，其特定的含義是約定俗成的，恰當地使用這些特定用語，對體現公文的嚴肅性與權威性具有一定的作用。

公文的文字表達還要注意以下幾點：

（1）公文中的人名、地名、數字、引文要準確。引用公文應當先引標題，後引發文字號。

（2）公文的結構層次序數，第一層為「一」，第二層為「（一）」，第三層為「1」，第四層為「（1）」。

（3）公文中必須使用國家法定的計量單位。

（4）公文中的數字，除成文時間、部分結構層次序數和詞、詞組、慣用語、縮略語、具有修辭色彩語句中作為詞素的數字必須使用漢字外，其餘均應使用阿拉伯數字。

【公文格式】

機密口一年
特　急

上海××會展中心有限公司文件

滬××〔2000〕×號　　　　　　　　　　簽發人：×××

上海 ×× 會展中心有限公司

關於×××××的請示

市外經貿委：

　　×
×　×　×　×　×　×　×　×　×　×　×　×。

　　×
×　×
×　×
×　×
×　×
×　×　×　×　×　×　×　×　×　×　×　×　×　×　×　×　×　×。

　　×
×　×
×　×
×　×
×　×　×　×。

　　附件:1. ×　×　×　×　×　×　×　×　×　×　×
　　　　　2. ×　×　×　×　×　×　×　×　×　×　×

二〇〇〇年×月×日

　　（聯繫人：×　×　×　　電話：×　×　×　×　×　×　×　×）
　　主題詞：×　×　×　× 請示：

　　抄送：×　×　×　×　×　×，×　×　×　×　×，×　×　×　×　×，×　×　×　×　×　×　×　×，×　×
　　　　　×　×　×　×。

上海xx會展中心有限公司辦公室　　　　　　　2000年x月x日印發

第二節 公告和通告

一、公告

（一）公告的性質

公告適用於向國內外宣布重要事項或法定事項。

（二）公告的特點

（1）內容的公開性。對象廣泛，無須保密，是一種廣而告之的公文。

（2）發布形式的多樣性。公告一般不例行公文的發送程序，常直接透過報紙、電臺、電視臺等新聞媒介公開發表。

（3）行文的莊重性。公告不同於一般啟事、廣告類的發表，在行文時必須注重措辭的嚴謹、得體，語氣的莊重、嚴肅。

（三）公告的格式和寫作要求

（1）標題。兩種寫法：一是發文機關名稱加上發文事由和文種構成；另一種是發文機關名稱加文種構成。

（2）正文。正文通常由公告的緣由、事項和結束語三部分組成。公告的緣由通常用一兩句話概括。公告的事項可分若干條或若干段逐一交代，不需要對公告的意義或事情經過作過多的闡述。結束語一般常用「特此公告」、「現予公告」等語，有時也可省略。

（3）署名和日期。標題中如已寫明發文機關，落款處可不再署名，直接寫成文日期。如標題中省略發文機關，落款處應寫明發文機關。成文日期應當用漢字書寫。

【公告例文】

xx市工商行政管理局企業法人登記公告

根據《中華人民共和國公司法》及《中華人民共和國企業法人登記管理條例》和其他有關規定，下列企業已經我局核准開業登記註冊，其合法權益受國家法律保護。

企業名稱：xx展覽有限公司

住所：xx市xx區xx路1號

郵政編碼：xxxxxx

企業類別：合資（港澳臺）

經營範圍：略

法定代表人：xxx

註冊資本：三百萬美元

經營期限：2003年9月17日至2053年9月16日

執照有效期：2003年9月17日至2004年16日

註冊號：xxx總字第034282號

（章）

二〇〇三年十一月十八日

二、通告

（一）通告的性質

通告適用於公布社會各方面應當遵守或者周知的事項。

（二）通告的種類

（1）遵守性通告。指在一定範圍內告知有關事項，並要求相關的單位和人員嚴格遵守辦理和執行的通告。

（2）周知性通告。指在一定範圍內告知有關單位和人員需要注意事項的通告。

（三）公告和通告的區別

（1）從內容和功用來看，公告比通告宣布的事項重大，而且內容比較單一；通告是對某一事項作出規定或限制，內容比較具體，業務性較強。

（2）從告知的對象和範圍來看，公告比通告廣泛，涉及國內外，不限於「社會有關方面」；通告則限於局部地區的有關單位和人民群眾。

（3）從發文機關來看，公告的發布單位級別較高，多由國家領導機關製發或授權新聞單位發布，一般機關、團體、企事業單位則不宜使用。

（4）從語言表達來看，公告大多比通告簡短，更莊嚴、鄭重。

（5）從發布形式來看，通告除登報和由廣播電視播發之外，還常採用張貼的形式，而公告一般不用。

（四）通告的格式和寫作要求

（1）標題。通告的標題有四種基本形式。一是由發文單位名稱、事由、文種構成；二是由發文事由和文種構成；三是由發文單位名稱和文種構成；四是僅文種《通告》。

（2）正文。通告正文一般由發通告的緣由、發布事項和結束

語三部分組成。通告的緣由可以根據上級有關指示精神，也可以根據有關政策、法律、法規，也可以根據具體情況而發。這一部分結束後，常用「特作如下通告」或「現通告如下」等語過渡下文。通告事項是通告的主體部分。這部分內容較多，可以分條列項來寫。如果內容較簡短，在寫法上可以不分段落。

通告正文的撰寫要層次分明，事項具體周詳不遺漏。

（3）署名和日期。要求同公告。

【通告例文】

通告

第二屆xx交易會將在18日至20日在xx國際博覽中心舉行，屆時將有較多的來賓出席。為了方便來賓的出席，更好地辦好這屆交易會，組委會將於18日至20日在人民廣場、地鐵二號線龍陽路站設專車迎送來賓。

第二屆xx交易會組委會（章）

二〇〇三年十月八日

第三節　通知和通報

一、通知

（一）通知的性質

通知適用於批轉下級機關的公文，轉發上級機關和不相隸屬機關的公文，傳達要求下級機關辦理和需要有關單位周知的事項以及任免人員。

（二）通知的種類

（1）印發性通知：用於下發領導講話、學習參考文獻以及內部規章制度。

（2）批轉性通知：用於批轉下級機關的公文。下級機關的公文一經批轉，代表批轉機關的權威和意志。

（3）轉發性通知：用於轉發上級機關和不相隸屬機關的公文。

（4）指示性通知：用於上級機關指示下級機關如何開展工作。

（5）事務性通知：用於處理日常工作中帶事務性的事情。這種通知用得較多的是：更改印章、遷移辦公地點、更換電話號碼、開會通知等。

6.任免性通知：用於任免工作人員。

（三）通知的寫作格式和要求

1.標題

通知的標題由發文機關、通知事由和文種三部分構成。批轉性通知標題中應標明「批轉」；轉發性通知標題中應標明「轉發」；發布性通知標題中應標明「印發」、「下布」。批轉性通知和轉發性通知要列出原發文單位和原文件的名稱；如果原文件是通知，則標題中可省略後一個「通知」字樣，將標題的偏正結構改為主謂結構，如《xx市科學技術廳轉發〈xx省科學技術廳關於組團參加東北亞高新技術及產品博覽會的通知〉》。簡單的事務性通知也可只寫「通知」二字。

2.主送機關

通知一般是作為普發性文件下發的，故主送機關多為泛稱，或泛稱加特稱。

3.正文

不同類型的通知的正文有不同寫法：

（1）印發性通知的正文只要寫明印發什麼規章，請貫徹執行就可以了。規章全文應和通知同時印發。

（2）批轉性通知中應當作出批示意見，如「已經……同意，現轉發給你們，請認真遵照執行。」

（3）轉發性通知在引用所轉發文件的標題後，還需在括號內引上發文字號。

4.結尾

對貫徹執行該通知所提出希望和要求。可用「請各有關地區和部門按上述通知貫徹執行」、「特此通知」等語作結。

5.成文時間

要求同公告。

【通知例文】

xx市會展行業協會關於印發《xx市會展行業協會章程》的通知

xxxxx：

現將《xx市會展行業協會章程》印發給你們。xx市會展行業協會是本市從事會議、展覽及相關業務的企事業單位組成的具有法人資格的行業、非營利性社會團體。凡經國家有關部門批准具有國際

會議和國際展覽會的場館，國（境）外會議和展覽公司駐本市辦事機構，其他從事與會議業、展覽業相關的具有法人資格的各類經濟性質的企事業單位，承認行業協會章程，參加行業協會活動，接受行業協會委託的工作，按期繳納會費，經自願書面申請，行業協會常務理事會批准，都可以成為行業協會的單位會員。

附件：《xx市會展行業協會章程》

（章）

二○○二年四月十日

二、通報

（一）通報的性質

通報適用於表彰先進，批評錯誤，傳達重要精神或者情況動態。

（二）通報的種類

（1）表彰性通報。用來表彰先進的個人和單位，宣傳先進事跡，推廣成功經驗。

（2）批評性通報。用來批評嚴重違反國法、無視國家的方針政策、損害人民利益，造成不良政治影響或重大經濟損失的人和事。

（3）情況通報。主要用來把一些重要情況動態及時傳達給所屬單位和部門，提請關注，給予重視。

（三）通報的寫作格式和要求

1.標題

通報的標題通常由發文機關、通報事由和文種三部分組成。有時也可省略發文機關。

2.主送機關

通報屬於普發性下行文，故主送機關用泛稱。基層單位直接面向群眾的通報，不寫主送機關。

3.正文

通報的正文通常由通報的緣由、具體事項和評析、獎罰決定這三部分組成。

（1）通報的緣由。主要寫發通報的原因、目的。一般先將所通報的事件作簡要介紹。

（2）具體事項和評析。這部分主要對所通報的事實具體展開，然後對此進行分析、評價，揭示事物的積極意義或問題的實質。通報的事例要典型、突出。分析、評價要有一定的高度，要從感性認識上升到理性認識。並要客觀公正。

（3）獎罰決定。這部分也是通報的結尾，一般作出處理決定，並提出希望要求。

4.署名和日期

要求同公告。

（四）通知和通報的區別

（1）從適用範圍看，通報僅限於表彰先進、批評錯誤和傳達重要情況，明顯小於通知。

（2）從傳達的事項看，通報少於通知。

（3）從目的和作用看，通知強調做什麼和怎樣做。而通報主要是起溝通資訊的作用。

【通報例文】

國家xx監督管理局關於全國xx博覽會監督檢查情況的通報

各省、自治區、直轄市xx監督管理局或xx管理部門：

1999年11月7日至10日，我局組織對第47屆全國xx博覽會涉外館的全部進口產品註冊情況進行了監督檢查，北京、江蘇、河北、河南、山東、廣東等省、市xx監督管理部門配合我局並對本地區參展企業的產品進行了檢查。此次檢查博覽會展品註冊情況比以往有較大改觀。河南、山東、安徽、河北、上海等省市的絕大多數xx生產企業，在展板和產品宣傳材料上標註了註冊證號，香港xx有限公司在展板的顯著位置標註產品註冊證號。但是也有個別生產企業存在違規現象。現將其存在的問題通報如下：

一、個別參展企業在展銷中夾帶無證產品。無證參展企業及產品如下：

（略）

二、部分產品宣傳材料不實。尤其是xx大學xx公司在宣傳材料中稱該公司的xx牌xx治療儀具有CT功能。該公司在xxxx年成都博覽會就做過類似宣傳，至今仍未改正。

三、儀器銘牌無註冊證號標誌較為普遍。

四、部分代銷企業出示的產品說明書，不標明生產企業名稱。

對上述生產企業予以通報批評，並將有關規定重申如下：

一、凡未取得產品註冊證號的企業，應按有關規定辦理產品註

冊取證手續；在未取得產品註冊證號以前，產品不得銷售及參展。

二、已取得產品註冊證號的企業，應在產品標籤、外包裝、產品說明書及相關宣傳材料上註明其產品註冊證號。

三、參加博覽會展銷必須攜帶註冊證或註冊證複印件。

四、博覽會組織單位應對參展的展板、宣傳材料和機器設備銘牌是否標有註冊證號進行檢查，無註冊證號產品不得參展。

請各省、自治區、直轄市xx監督管理部門按照本通報在本轄區內進行檢查，督促被通報企業執行有關規定，並將檢查落實情況報我局xx司。

（章）

一九九九年十二月二十一日

第四節　報告和請示

一、報告

（一）報告的性質

適用於向上級機關彙報工作，反映情況，答覆上級機關的詢問。

（二）報告的種類

（1）工作報告。下級機關完成領導所布置的工作或重大工作進行到某一階段時，向上級領導彙報工作而寫的報告。

（2）情況報告。下級機關在工作中出現一些新情況、新問題

或突發事件，需要及時向上級領導彙報、反映情況而寫的報告。

（3）答覆報告。用於答覆上級機關的詢問，回覆上級領導人的批示，彙報處理上級批轉、交辦文件的經過和結果。

（三）報告的寫作格式和要求

1.標題

報告的標題由發文機關名稱、報告的事由、文種三部分組成。也可省略發文機關，直接由報告的事由和文種構成。

2.正文

報告的正文通常分為三個部分：報告的緣由、報告的事項和結尾。

（1）報告的緣由。這部分主要寫報告的依據、目的、原因或基本情況，不同種類的報告緣由寫法不一。彙報工作類，緣由部分將所做的工作作一個概要的介紹；反映情況類，緣由部分將所發生的情況作一個概要交代，緣由部分結束，常用「現將有關情況報告如下」等語過渡下文。

（2）報告的事項。這是報告的核心，是報告內容的具體開展，寫法也根據不同種類的報告而定。彙報工作類，事項部分主要寫做了哪些工作，做得怎麼樣，取得哪些成績，還存在哪些問題等，類似作總結。反映情況類，事項部分要將有關情況作具體彙報，還要對有關問題展開分析，尋找事因，提出解決問題的意見和辦法。報告的事項要真實，不能弄虛作假，含糊其辭；同時要突出重點，詳略得當。另外，報告中不得夾帶任何請示事項。

（3）結尾。報告結束常用「特此報告」，或「以上報告，請

審閱」等語作結。

3.署名和成文日期

要求同公告。

【報告例文】

中國xx技術應用協會關於第x屆xx展覽會情況的報告

xxxxxx：

經國家xxxxxx部批准，由我會主辦並承辦的2003第x屆展覽會歷時四天，於2003年10月19日在北京中國國際展覽中心落下帷幕。

本屆展會是在中國十六屆三中全會以及航空載人飛船勝利騰空的大背景下召開的，充分體現了「讓企業擁有自動化」的主題，對於國內外工業自動化領域新技術、新產品的交流推廣，對於傳統工業的改造升級和創新以及對於中國企業盡快與國際製造業水平接軌，造成了巨大的推動作用。每年一度的xx展覽會已經成為中國製造業和自動化領域的權威專業展會。

本屆展會具有以下亮點：

亮點之一是國際味道十足。今年的展會雖受「SARS」影響由春季延期至秋季，但仍然聚集了來自大陸、香港、臺灣、美國、德國、法國、英國、瑞士、瑞典、韓國、奧地利、丹麥、澳洲、荷蘭、日本和新加坡等十幾個國家和地區。

亮點之二是自動化巨頭雲集。如西門子自動化與驅動、施耐德電機、羅克韋爾自動化、圖爾克、中達斯米克、貝加萊自動化、穆勒電氣、富士電機、三菱電機、安川電機、倫茨、菲尼克斯、松下電工、光洋電子、日立、三星、和泉、普洛菲斯、科比、費斯托、

魏德米勒、VIPA、LG、AUTONICS、多伺電子、美國儀器、邦威克、悉雅特、艾默生網路、亞控、艾雷斯科技、凌華科技、惠豐電子、智慧電器、寶德、倍福、倍加福、施克光電、橫河西儀、PLCOPEN聯合展台、深圳人機電子、BEI北京機械工業自動化等都在本屆展會上有較大規模的特裝展示。

亮點之三是科技含量極高。領導世界自動化潮流的新技術、新產品紛紛在展品上亮相。展品內容涉及現場總線技術及產品、通訊網路、全資訊集成、工廠自動化技術和裝備、可編程序控製器與相關技術、工業機器人及相關技術、工業控制及系統、工控軟體、變頻調速與伺服控、液壓與氣動元件、傳感器與自動測量裝置、機電一體化技術和產品、儀器儀表、嵌入式技術等。

亮點之四是搭建科技交流平台。本屆展會期間舉辦了現場總線線纜的技術特性及應用、PROFIBUS產品開發及總線橋技術、貝加萊過程自動化新技術、集成架構——工業自動化的最佳選擇、羅克韋爾軟體集成架構、新一代變頻器、工業現場總線與PC控制的設計及應用、MES/TIA、Profine/Profiisafe＼WinCC6.0、工業控制計算機系統發展趨勢——新型混合控制系統等21場「工業自動化技術」論壇。許多行業權威的演講場內座無虛席，有些遠道而來的聽眾不得不站在過道上，還有許多行家用戶在演講結束後久久不願離去，爭先與專家們討論行業發展趨勢和應用技術疑難問題。

特此報告

（章）

二〇〇三年十月二十六日

二、請示

（一）請示的性質

請示適用於向上級機關請求指示、批准。

（二）請示的種類

（1）請求指示的請示。即對有關政策不甚明確，工作中出現問題難以處理，要求上級給予解釋，作出指示，提出意見而寫的請示。

（2）請求批准的請示。即為一些非經上級批准不能辦的事而寫的請示。

（三）報告和請示的區別

（1）行文目的不同。請示行文主要是為解決問題而寫，所以上級要給予批覆或指示；報告行文主要是彙報工作、反映情況、答覆問題等，不要求上級回文答覆。

（2）內容含量不同。請示的內容單一，一文一事；報告的內容容量大，有時可以數事並談，並且比較具體。

（3）行文時間不同。請示必須在事前行文，不允許先斬後奏；報告在事前、事中、事後行文均可。

（四）請示的寫作格式和要求

1.標題

請示的標題通常兩種寫法：一是由發文機關名稱、請示事由和文種三部分組成；二是省略發文機關。

2.主送機關

寫上級主管機關的名稱。一般情況下，不得越級請示，不能多

頭請示。

3.正文

請示的正文通常由請示的緣由、請示的事項和結束語組成。

（1）請示的緣由。請示的緣由寫作依據一定要充足，理由一定要充分，要有說服力，這是請示能被上級批准的關鍵所在。

（2）請示的事項。請示的事項，只能一文一事，不能同時請示兩個問題。請示的事項一定要明確、清楚、具體。

（3）結束語。請示常用「以上請示妥否（或當否），請批覆」、「特此請示」等作為結束語。請示結束語應當另起一行，獨立成段，以示鄭重。

4.署名和成文日期

要求同公告。

【請示例文】

上海市xx展覽公司關於第十三屆中國國際xx展覽會接待方案的請示

上海市對外經濟貿易委員會：

由上海市xx展覽公司和上海xx有限公司承辦的「第十三屆中國國際xx展覽會」將於2003年10月25日至28日在上海新國際博覽中心舉行。為辦好本屆展覽會，我們擬訂了這次展覽會的接待方案，現將該方案呈報如下：

一、成立展覽會接待辦公室

展覽會接待辦公室的成員由中國xx協會、上海市xx展覽公司、

上海xx有限公司、上海xx博覽中心、上海xx海關、上海公安局xx分局派員組成。接待辦公室具體負責協調展覽會事宜。

二、開幕式

開幕式將於2003年10月25日上午9：30在上海新國際博覽中心廣場舉行。屆時將有市領導、有關委辦局領導、相關參展國的駐滬領館官員及展商代表出席。

三、舉辦配套論壇活動

展會期間將舉行各種相關的論壇活動。擬定規模在100人左右，以中方業內人士為主，同時邀請有關參展國的xxx行業協會負責人出席。

四、安全保衛

根據屬地分管的原則，安全保衛由上海市公安局xx分局負責。

五、新聞報導

展覽期間的新聞報導由上海電視臺、上海東方電視臺、上海人民廣播電臺、上海東方廣播電臺、《解放日報》、《文彙報》、《新民晚報》等單位發布。

六、借用人員的工資、伙食補貼

參照xx規定辦理。

以上請示當否，請批覆。

（章）

二〇〇三年九月十五日

第五節 批覆和函

一、批覆

（一）批覆的性質

適用於答覆下級機關請示事項。

（二）批覆的種類

（1）指示性批覆。用於答覆請求指示的請示。

（2）批准性批覆。用於答覆請求批准的請示。

（三）批覆的寫作格式和要求

（1）標題。一般由發文機關、批覆事由和文種三部分組成。有的還將批覆的意見（同意或不同意）包含在標題之內。

（2）主送機關。批覆的主送機關就是原請示機關。

（3）正文。由批覆的緣由、批覆的事項和結束語三部分構成。批覆是針對請示寫的，所以批覆正文的開頭，一定要表示來文已經收到。一般引用「請示」的標題、發文字號作為批覆的緣由或依據，然後寫上「經研究（決定），現批覆如下」，過渡至下文。批覆的事項要有針對性，態度要明確，不能模棱兩可。答覆完畢常用「此復」或「特此批覆」結束全文。結束語一般另起一行，空兩格填寫。

（4）署名和成文日期。要求同公告。

【批覆例文】

xx市外經貿委關於舉辦xx國際包裝印刷機械展覽會的批覆

xx市貿易促進會：

你會《關於舉辦xx國際包裝印刷機械展覽會的請示》（x貿促覽字〔2003〕67號）收悉，現就辦展事項批覆如下：

一、同意你會於今年12月份主辦xx國際包裝印刷機械展覽會。

二、同意xx包裝印刷機械協會共同作為承辦單位，具體分工和安排，請在雙方商定以後，將有關合作協議報我委備案。

三、根據展覽會的需要，同意你會酌情邀請其他合作方共同參與招展。

四、展覽會的時間、名稱等重要內容如有變化，請另報我委批准。展覽會展品留購事宜請按海關規定辦理。如有臺灣廠商申請參展，須提前兩個月報我委，以便及時轉報商務部批准。展覽會結束後請在十天內上報書面小結。

（章）

二〇〇三年十月十三日

二、函

（一）函的性質

函適用於不相隸屬機關之間相互商洽工作，詢問和答覆問題；請求批准和答覆的審批事項。

（二）函的種類

（1）商洽函。用於不相隸屬機關之間商洽工作、討論問題。

（2）問覆函。用於不相隸屬機關之間提出詢問和答覆詢問。

（3）請准、批准函。用於不相隸屬機關之間相互請求批准和

答覆審批事項。

（4）知照函。用於把自己管轄範圍的事項告訴不相隸屬的有關機關。

（三）函的寫作格式和要求

（1）標題。由發函單位、發函事由和文種三部分組成。如果是覆函，文種寫為「覆函」。也可以省略發函單位名稱。

（2）主送機關。函的主送機關一般為單稱或並稱。

（3）正文。通常由發函的緣由、發函的事項和結束語構成。發函的緣由主要寫明發函的事因或目的。如果是覆函，緣由部分一般要先引用對方來文的標題和發文字號，然後加上「現予答覆（函覆）如下」等語句過渡到下文。發函的事項也應一文一事，行文簡潔，不作寒暄，不講客套話，直陳其事。結束用語有「特此函商」、「即請函覆」、「敬請函批」、「函覆為盼」。在覆函中常用「特此函覆」、「特此函告」、「此復」等。

函的用語要平和得體，做到有理有禮，多用敬詞。

（4）署名和成文日期。要求同公告。

【批覆例文】

××部××局關於組織參加第109屆匈牙利國際消費品博覽會的函

××××××：

為積極推動企業開拓中東歐市場，××部××局將與中咨展覽中心聯合組織企業參加第109屆匈牙利國際消費品博覽會（BNV2005）。現將有關事項函告如下：

一、展會基本情況

匈牙利布達佩斯國際消費品博覽會是中東歐最大的消費品博覽會，已經舉辦了108屆，主辦方匈牙利展覽公司HUNGEXPO是國際展覽聯盟（UFI）成員。BNV2004展出面積2.5萬平方公尺，共有來自18個國家和地區的790家企業參展，觀眾達12萬人次。

展會時間：2005年9月17～25日

展會地點：布達佩斯展覽中心

展出內容：建材、五金、園藝、衛生潔具、家電、餐具、玩具、運動及休閒、電子娛樂設備、工藝品、服裝、鞋、珠寶、化妝品等消費類產品。

收費標準詳見附件1。

二、本著為企業服務的宗旨，為使參展企業取得更多實效，我局將在展會期間組織中匈企業交流洽談活動，由匈牙利投資貿易發展署（ITDH）、匈牙利國際展覽中心和我駐匈經商參處邀請匈對口企業，與我參展企業進行對口交流和洽談。該活動不另收費。

三、貴單位如有參展意向，請填寫〈BNV2005　參展申請表〉（附件2），並於2005年5月20日前傳真我局及中咨展覽中心。

聯繫人：xx局xx，電話：010-xxxxxxxx，傳真：xxxxxxxx；中咨展覽中心xx，電話：010-xxxxxxxx，傳真：xxxxxxxx。

附件1.BNV2005收費標準

附件2.BNV2005參展申請表

附件3.中小企業基本情況表

二〇〇五年四月六日

第六節　會議紀要

一、會議紀要的性質

會議紀要適用於記載和傳達會議情況和議定事項。

會議紀要不同於會議記錄。會議記錄是對會議的情況和發言作如實的記錄，它不屬於公文，一般也不能作為文件上送下達；會議紀要則是在會議記錄的基礎上，進行加工整理，擇其要點，重點反映會議的情況和議定事項。

會議紀要又不同於會議決議。決議必須在會議上形成並表決透過，在寫法上比會議紀要更加概括，對會議上的其他意見、不同觀點不作反映。而會議紀要無須表決透過，在內容上反映的面比決議廣，可以反映會上不同意見的觀點。

二、會議紀要的種類

（一）協議性會議紀要

協議性會議紀要是指由不同機構聯合召開的會議，就共同關心的問題所形成的紀要，主要記載各方取得的一致意見，對各方今後的工作有約束力。

（二）決議性會議紀要

決議性會議紀要是指由特定的權力機關召開研究工作的會議所形成的紀要，記載會議的主要精神和決議事項，可以作為傳達和部署工作的依據，對今後工作有指導意義。

三、會議紀要的寫作格式和要求

（一）標題

會議紀要的標題通常用會議名稱加文種組成；也可以由主辦單位、會議名稱和文種三部分構成；有的以開會地點代替會議名稱；有的用正副標題的形式。

（二）正文

會議紀要的正文一般分為會議的基本情況、會議的主要內容和結尾三部分。

會議的基本情況，其詳略程度視實際需要而定，一般儘可能簡要。介紹的內容包括會議的主辦單位、會議的起訖日期、地點、與會單位和人員、主持人、會議的議程和進展、會議的成果和意義等。

會議的主要內容是紀要的主體部分，要將會議所研究的問題、討論的情況、形成的決定、達成的共識、明確的任務、提出的要求等內容概要、準確地反映出來。在寫法上可以用橫式結構，將各部分內容分條列項寫明；也可以用縱式結構，按會議的進程、發言的順序分若干段落反映。每段的開頭可以用「會議提出」、「會議認為」、「會議要求」、「會議強調」等習慣用語領起。這部分寫作觀點要鮮明，主題要突出，切忌事無大小、不分主次，也不能斷章取義，要對會議作客觀的反映。

結尾一般是寫提出的希望、要求，發出號召，也可以對大會作出概括性的總結。有的會議紀要可不寫結尾。

（三）簽署和蓋章

雙邊或多邊聯席會議紀要可由各方代表共同簽署並蓋章。其他會議紀要則無須簽署和蓋章。

（四）成文日期

會議紀要成文日期的確定有三種情況：一是以領導人簽發或上級機關領導人審批同意的日期為準；二是以會議實際召開的日期為準，則成文時間置於標題之下居中，用圓括號括入；三是以與會各方共同簽署的日期為準。

【會議紀要例文】

2004第二屆xx工業展覽會籌備工作會議紀要

（二〇〇三年十二月十八日）

2004第二屆xx工業展覽會籌備會議於2003年12月15日至18日在xx市xx賓館召開，xx省外經貿委領導、xx市人民政府領導、xx省針織行業協會負責人、xx市服裝行業協會負責人、xx市針織貿易行業協會負責人、xx展覽策劃有限公司負責人出席了會議。會議上，xx展覽策劃有限公司xx經理介紹了展覽會的籌備情況，並提出了指導性意見，各方進行了認真的討論，在明確各自責任的基礎上，對如何搞好展覽會達成了下述的共識：

一、展覽會宗旨

以xx市為中心，輻射華東地區。

二、參展範圍

針織加工設備，各類縫紉機、縫製處理、後整理技術與設備，其他製衣技術與設備，服裝CAD、製衣業電腦生產管理系統，印染、紡織化工及織造裝備，整理技術與設備及新型製衣設備，自動

化調速設備，紡處測試、分析儀器。

三、展會廣告宣傳推廣計劃

全方位的立體宣傳：

1.特殊邀請（略）

2.媒體宣傳（略）

3.郵寄贈票（略）

4.專人推廣（略）

四、參展收費細則

1.展位：本次展會採用3m×3m的國際標準展位，收費標準國內企業為全展期5500元人民幣/標準展位；國外企業為全展期1200美元/標準展位。

展位費用包括：展出場地、2.5米高壁板、洽談桌一張、椅子兩把、射燈兩盞、楣板文字、會刊企業介紹、保安和清潔服務。

2.光地：以36平方公尺起租，如需特殊裝修，務請提前與組委會聯繫。收費標準國內企業為全展期500元人民幣/平方公尺；國外企業為全展期120美元/平方公尺。

展位費用包括：展出場地、會刊企業介紹、保安和清潔服務。

五、展會日程安排

報到布展：2004年3月23～24日

展覽交易：2004年3月25～28日

開館時間：9：00～16：30

閉幕撤展：2004年3月28日12：00

六、會展地址

xx省xx市xx路xx號xx會展中心。

第三章 會展策劃立項文案

第一節 會展策劃文案

一、會展策劃文案的含義

所謂會展策劃，就是圍繞會展活動的目標，在充分占有會展資訊並對之進行全面、深入分析的基礎上，運用科學的方法，制定會展活動最佳方案的過程。會展策劃的外延很廣，凡尋求最佳會展方案的設想、謀劃過程都可以看作是會展策劃。它包括從構想、分析、歸納、判斷，一直到擬訂策略、方案的實施、事後的追蹤與評估的過程。把此策劃過程用文字完整地記錄下來就是會展策劃文案。

會展策劃文案既要有可行性，又強調創造性，這是它與一般工作計劃的不同之處。

二、會展策劃文案的種類

按策劃文案的內容涵蓋層面分，會展策劃文案可分成：

（一）總體策劃文案

即針對特定會展活動的主題、形式、時間、地點、營銷、接待、宣傳等進行全方位的策劃而形成的文案。總體策劃文案的內容表述可粗可細，粗線條表述的部分，需要專項策劃文案配套。

（二）專項策劃文案

即根據總體策劃的基本原則和安排，針對會展活動的某一方面

制訂的具體工作計劃的文案，如接待方案、廣告招商方案、會場布置方案、參展方案等。專項策劃文案常常作為總體策劃文案的配套性文案。

三、會展策劃文案的結構和寫法

（一）標題

標題應當寫明會展項目的全稱加上文種（策劃書或文案），如「xx國際學術會議籌備文案」。

（二）正文

正文部分應當逐項說明會展項目的名稱、舉辦目的、指導思想、背景、特色、主題、議題、活動形式、組織陣容和籌辦機構、舉辦的時間和地點、會展的規模（包括展覽面積、展位數量、與會者和觀眾的人數等）、展位的價格、參展辦法、招商和招展計劃、各項籌備工作的進度要求等。

參展文案的正文應寫明參展項目的性質、品質、功能、特色、宣傳方式、展台設計的要求等。

結構安排上一般採用序號加小標題的結構體例。開頭部分可用一段文字寫明制定文案的目的和依據，然後用序號編排各個層次。

（三）附件

如有附件，要寫明附件的名稱和序號。

（四）落款

一般應當署策劃機構的名稱。如果文案是由具體承辦人員策劃並擬寫的，可由擬寫人員署名。經審批下發執行的總體文案也可署審批機關的名稱。

（五）成文日期

報上級機關審批的總體文案寫提交日期，經批准下發的總體工作文案寫批准日期。成文日期一定要寫明具體的年月日。

會展策劃文案也可設計一個封面，包括標題、項目名稱、策劃者單位和姓名、完成的日期。

【會展策劃文案例文】

第十一屆中國xx洽談會總體方案

經國務院批准，第十一屆中國xx洽談會將於xxxx年8月在xx舉行，為做好各項組織籌辦工作，特製定如下總體方案。

一、指導思想

緊緊抓住實施西部大開發和加入世貿組織的機遇，進一步擴大對內、對外開放，在更大範圍、更廣領域和更高層次上參與國際經濟技術的交流與合作。堅持開放、開發、合作、發展的主題，發揮比較優勢，加快技術創新和產品開發，突出投資洽談和貿易洽談，實現優勢互補、互惠互利、聯合開發、共同繁榮。

二、組織單位

支援單位：xxxx、xxx、xxxxxx

主辦單位：xxxx、xxxx（略）

協辦單位：xxxxxxxx、xxxxxx（略）

承辦單位：xxxxx、xxxxxx

三、活動內容

第十一屆xx洽談會按照「提升層次、控制規模、分散組織、系

列活動」的原則，主要活動內容是「四項活動、三個專業展會和四個方面的整合」。

（一）四項活動

1.網上招商活動（8月1日開幕）

借助互聯網路推介項目、宣傳企業、展示產品、交流資訊、洽談貿易、開展電子商務。透過文字、圖片、語音、動畫等多媒體形式及其資訊交流，吸引國內外著名廠商、跨國公司參與網上洽談；組織全省14　個市州地招商機構、省直有關部門、部分企業進行為期一週的網路在線洽談，主要進行項目推介、政策諮詢等。

2.項目投資洽談活動（時間8月26～29日）

根據國家產業政策和西部大開發的支持重點，圍繞發展特色經濟，大力推介優勢產業，推出一批特色項目和重點企業，進行投資洽談和產權交易。投資洽談區設在xx國際博覽中心七樓。

3.商品貿易洽談活動（時間8月26～29日）

組織國內外各類企事業單位參會參展，主要開展名、優、新、特產品的看樣訂貨、大宗採購及進出口貿易洽談等活動，以展示、宣傳、洽談為主，不搞現場零售。商品貿易洽談區設在xx國際博覽中心五、六樓。

4.西部中小企業交流與合作洽談會（時間8月26～27日）

邀請國內外中小企業同甘肅百戶有投資項目的中小企業進行對接交流洽談。同時舉辦「友好合作與甘肅發展——中小企業交流與合作論壇」，圍繞中小企業的發展，投融資管道的方式，成功的投資經驗等專題，邀請有關政府部門的權威人士、經濟研究部門的專

家學者、國內知名的民營企業家等進行專題演講，並現場解答中小企業提出的相關問題。會場設在xx賓館。

（二）三個專業展會

1.第五屆汽車機械產品交易會（xx物資市場），時間8月24～27日。由省物產集團公司和西北物資市場承辦，組織國內外大型工程機械、農業機械和汽車生產企業參會參展，主要展銷汽車、工程機械、包裝機械、農業機械等產品。

2.第三屆西部藥品藥材交易會（xx藥品物流配送中心），時間8月26～29日。由省醫藥行業辦等單位承辦，組織國內生物製藥單位、中醫藥企業、藥材原料使用者，以及海內外貿易商參會參展，重點推出一批中藥材及原料藥進行展銷交易。

3.xx省首屆文化產品博覽交易會（xx國際博覽中心八樓），時間8月26～8月29日。由省委宣傳部等單位承辦，以民間藝術品為龍頭，推介以《讀者》為代表的圖書、影像製品及其他文化產品，展演優秀劇目，開展文化項目、文化產品的招商洽談活動。

（三）四個方面的整合

1.黃河九省區經濟協作會議，由xx省經協辦負責承辦。

2.第二屆中國xx國際文化旅遊節，由xx市政府承辦。時間8月28～30日。

3.2003中國天水伏羲文化旅遊節，由xx市政府承辦。時間8月21～24日。

4.蘭州黃河風情文化週，由xx市政府承辦。8月20～30日。

四、招展組織工作

第十一屆蘭洽會的招展布展工作，分區域進行：甘肅投資洽談區由組委會統一規劃、統一設計，甘肅省14　個市州地自己布展；商品貿易洽談區由各省市區組展，統一認購展位，組委會分配展位，由各參展團按統一布局進行布展；汽車機械產品交易會、藥品藥材交易會、文化產品交易會和敦煌國際文化旅遊節、蘭州黃河風情文化週、天水伏羲文化旅遊節等分別由承辦單位負責組織，並向全國招商招展。

xx國際博覽中心五、六樓展位費維持往屆水平，每標準展位（3m×3m）平均收費3000元人民幣；採取分段分區標價的辦法銷售展位。其他展區及專業展會收費標準由承辦單位確定。

五、邀請工作

（一）組委會統一邀請國家領導人、中央各部委參會，邀請各省市區政府組團參會、參展。

（二）省內各地州市、各有關部門及各企業分別邀請國內外合作夥伴參會、參展。各展會承辦單位邀請國內外參展商、採購商參展。

（三）請中國貿促會和各協辦單位協助邀請境外投資商、貿易商參會；請全國工商聯協助邀請一批中國著名民營科技企業參會參展；請各聯辦省市區政府和國家有關部委幫助邀請國內外投資商、貿易商參會參展。

（四）大會組委會統一印製第十一屆xx洽談會邀請函。省內各地州市、各有關部門及各企業要透過各種管道，及早發送邀請函，回執由發出邀請單位負責收回，並於2003年7月底前將資訊反饋組委會。

六、大會服務工作

大會為參會的各代表團提供網上資訊發布、廣告、食宿、交通、旅遊等各項會務服務，費用自理。

（一）網上資訊發布和交易：（略）。

（二）投資促進活動：（略）。

（三）廣告宣傳：本屆洽談會統一安排在當地新聞媒體、洽談會會刊、國際互聯網、會場周圍以及xx市區主要交通幹線上，為各參展企業提供形式多樣的廣告服務。

（四）食宿：大會推薦若干賓館飯店，為參會代表提供優質服務。

（五）交通：大會為各省區市代表團協助聯繫和落實會議期間的工作用車，並協助預訂返程飛機票、火車票。

（六）旅遊：大會推薦甘肅部分重點旅行社為各省市區代表團服務。

七、組織機構

為加強對第十一屆xx洽談會組織工作的領導，設立由各主辦單位負責同志組成的大會組織委員會，統一安排部署各項工作。組委會設立由省市有關部門領導擔任秘書長的聯席會議，全面協調指揮洽談會的籌備組織。組委會下設大會辦公室、接待辦公室、安保辦公室、新聞中心、衛生安全辦公室等工作機構，具體負責籌備組織工作的落實。

（一）大會辦公室

設在洽談會辦公室，主要負責處理大會日常事務，協調落實組

委會決定事項。負責文秘、會務、財務、資訊服務等工作；負責展館的總體設計規劃、展位分配與銷售、公共部分的布展設計、廣告宣傳以及展館現場管理；負責經貿項目的匯總、投資洽談、集中簽約和投資促進活動的組織工作等；負責與各聯辦單位和組委會內部各單位的聯絡以及邀請重要客商的銜接等工作。

（二）接待辦公室

負責接待中央各有關部委、各參會省市區代表團及國內外重要客商；負責省委、人大、政府、政協領導會期活動的銜接。

（三）安保辦公室

主要負責重要來賓、各地客商的駐地、展館及重大活動的消防、治安保衛、交通保障等工作。

（四）新聞中心

主要負責洽談會的大型宣傳活動及大會期間的新聞宣傳工作。包括到會國內外記者的邀請、接待及活動安排等。

（五）衛生安全辦公室

主要負責大會期間的「防非」和衛生安全工作。

各專業展會和文化旅遊活動，由承辦方根據需要組織籌備機構，接受洽談會組委會的統一協調、監督、指導。

第十一屆中國xx洽談會組委會

xxxx年x月x日

【參展策劃文案例文】

西博會xxx服飾絲巾展策劃方案

一、背景

xxx作為絲綢行業的知名品牌，雖擁有中國馳名商標的稱號，但其知名度僅限於服裝行業廠商。如欲進入服飾行業，挺進消費品市場，xxx品牌雖可作為基本依託，但並不足以影響消費者的購買決策。因此，啟動xxx服飾事業的首要之務及長期之舉，必須經過精心策劃與不懈培育，將xxx在絲綢行業的影響力逐漸擴散到服飾市場，從而形成xxx馳騁服飾市場的品牌影響力。杭州西博會的影響力與日俱增，可借勢推出xxx的服飾品牌形象面，從而邁出進入消費品市場的實質性步伐，因而本次參展起點務必要高，以形象展示為主，將絲綢、絲巾文化融入xxx的形象表達中，從而建立xxx服飾的精品形象。

二、參展總概念

xxx即將占據的是服飾市場的制高點，從而實現xxx原有品牌價值與其高檔服飾形象的相互輝映。本次參展是xxx服飾形象傳播的重要機會，因此必須首先詳細規劃參展的總概念，以確保本次活動的策劃方向。我們認為，根據xxx服飾發展的戰略方向，xxx服飾形象的總概念可界定為：xxx服飾是融合了時尚的激情元素、經典的高貴情愫和樸素的人文關懷這三大要義的高檔品牌，它著力體現的是人本身流淌著的尊貴血液，激情但不張揚，高貴卻不傲慢，貼身絕不傷害。因此，本次參展應以文化氣氛的營造為主線，將時尚與綠色融入參展的表達要素中去，從而造就xxx品牌的精品、高檔服飾形象，以取得預期的效果。

三、xxx品牌參展主張

我們認為，要表現xxx服飾內涵的三大要義：時尚的激情元素、經典的高貴情愫和樸素的人文關懷，使消費者、商家感受到

xxx服飾的高檔形象，就必須以感性表達作為基調，致力於某種浪漫的、柔情的情緒，以及雅緻的、經典的氛圍的渲染，避免過於直接和生硬的陳述，最終有力提升傳播的效果。同時提出xxx服飾鮮明的品牌主張，站在消費者的立場上來傳達xxx服飾的文化精神，這是本次展覽的焦點。為此，參照我們對xxx服飾精神的理解以及對服飾文化的感受，我們將xxx服飾的參展主張提煉為：女人靈動的情緒，永不凋零的時尚！

飄逸於女人肩上的xxx絲巾，宛如女人靈動的情緒，總在不經意間，輕輕流露。一條xxx絲巾，就是一種情緒，每一次佩戴，感受都奇妙不同，它已經成為一個不離不棄的朋友，一段栩栩如生的記憶。

女人對絲巾的情結，是一生一世的。幾乎從小女孩開始，柔軟的絲巾就凝結了女人「情調」、「韻致」、「溫婉」這些令人心儀的情愫。一直到她走入遲暮之年，作為絕妙的飾物，絲巾依然會讓她看起來高貴、優雅。所以，每次邂逅絲巾，都會讓女人由衷歡喜。

xxx，飄逸著，女人靈動的情緒，永不凋零的時尚！

四、參展傳播要素

xx參展要達到傳播形象的目的，給消費者、商家留下一個時尚、經典、綠色的高檔服飾品牌形象，就必須圍繞xxx服飾的品牌總概念，將「時尚的激情元素、經典的高貴情愫和樸素的人文關懷」品牌要義落實到展覽的基本元素中，經過精心策劃，透過文字的、視覺的以及活動的傳達方式，將靜態展示與動態傳播結合起來，精心打造xxx服飾的高檔品牌形象，這需要進行大量的創造性思考，在此我們先整理一下我們的思路，以此作為參展策劃的基本

方向。

（一）展區視覺表現

展區視覺形象是參觀人群注目的焦點，消費者主要透過它來感受、認識xxx服飾的品位，因此它決定了xxx服飾形象的傳播是否到位。展區的視覺形象要體現出其完整性，必須由一個主題來帶動整個形象。我們確定的主題為：女人靈動的情緒，永不凋零的時尚！在此主題的引領下，著力體現絲巾文化的魅力。畫面與文字將融入時尚的激情元素、經典的高貴情愫和樸素的人文關懷這三大要義，同時我們主張將絲巾鑲嵌或懸掛於背景畫面中，追求xxx服飾產品與展區視覺表現的和諧。如可透過伊麗莎白二世的著裝風格來點染這些要義。

（二）展區背景音樂創想

xxx服飾走的是高檔品牌路線，正如我們一直強調的，務必注重將精緻文化滲透於xxx的品牌傳播當中。而音樂與美術一樣能夠撫慰人的心靈，精品服飾必然與經典音樂聯繫在一起，共同來演繹精緻服裝文化。服飾展提供的是全方位的品牌展示空間，因此我們的策劃元素裡古典音樂的參與也是極為重要的一個方面。古典音樂對氣氛的渲染作用極大，透過經典背景音樂的精心挑選，可以提高消費者對xxx服飾品牌的曼妙知覺，從而提升xxx服飾的檔次與品位。中國傳統的古典音樂如清澈沁人的《高山流水》、閒逸飄然的《漁舟唱晚》都可考慮，而西樂經典中如柴可夫斯基《如歌的行板》、施特勞斯《維也納森林的故事》、德布西《牧神午後》等均可作為必備曲目，具體曲目經認真研究後再行確定。

（三）產品手冊傳達構思方向

　　高檔產品的產品宣傳應拋棄「就產品宣傳而宣傳」的模式，有時候直接表達產品形體之美並非一個好主意。絲巾、領帶之類的服飾屬於文化意味極為濃厚的非功能性產品，因此手冊萬萬不可僅限於強調產品的特性而忽視對絲巾文化的渲染。每一款絲巾均由絲質、圖案設計構成，要以文化打動人，就必須針對每一款絲巾進行詳細分析研究，尋找它們與生俱來的內在戲劇性，以確定本款絲巾的主題含義，據此作為產品手冊的主要內頁。

　　（四）展期活動

　　除了利用靜態展示來形成xxx服飾品牌的精品形象之外，展覽期間還需要配合必要的動態活動來推動品牌傳播的效果。

　　1.匯聚人氣必備：有針對性地向目標消費者贈送一些小工藝品，並設計一些問卷請其填寫，從而取得一些消費者的看法，為xxx服飾營銷蒐集必要資料。

　　2.絲巾、領帶繫法演示：因絲巾本身的文化意味，不同的繫法可傳達不同的意義，因此可透過對展區人員進行培訓，再由他們教授現場參觀者絲巾的繫法並解釋其含義，從而增加展覽的生動性，活躍展區的現場氣氛。

　　3.如果可能，也可使用真人模特兒繫上xxx絲巾直接展示，人數無需太多，一兩個即可。

　　4.活躍氣氛的表演活動：建議請專業舞蹈演員表演盛唐時期表現絲綢之路的古典舞蹈如《霓裳羽衣舞》等，以配合絲巾文化的渲染，進一步強化xxx服飾所倡導的精品服飾文化，使本次展示的品牌形象生動、豐滿起來。

　　（五）形象傳播策劃

參展並非xxx服飾的目的，品牌形象重整、建立品牌形象的認知才是所追求的效果，因此除了考慮本次參展現場的展示效果外，還應充分利用西博會的旺盛人氣以及會展期間媒體較高關注度的特點，將xxx服飾形象在更大範圍內傳播開來。首先我們必須詳細策劃整個展覽過程，使xxx服飾富於創意，成為一個新聞點；同時擬定一個以上的新聞選題，按新聞刊發的格式進行文字處理，約請媒體記者予以報導，從而最大限度地提高展覽的效果。

　　以上是我們按照品牌建設的規律，立足於xxx西博會參展策劃，並跳出參展本身進行整合思考的結果，我們始終相信，唯有跳出展覽看展覽才能樹立起xxx服飾品牌的精品、高檔形象。

　　xx展覽策劃公司

　　xxxx年x月x日

第二節　會展項目意向書

一、會展項目意向書的含義

　　會展項目意向書是合作雙方就會展合作項目的具體事宜所達成一致意見的意向性協議。會展項目意向書雖不具備法律效力，但卻是編制會展項目建議書和會展可行性研究報告的基礎，也能為日後簽訂會展合約做好必要的準備。

二、會展項目意向書的結構和寫法

（一）標題

　　標題要寫明雙方合作意向的主題或項目名稱，如「聯合辦展意向書」。文種必須寫「意向書」，不能寫成「協議書」。

（二）雙方當事人名稱或姓名

標題之下寫明雙方當事人名稱或姓名，一般用「甲方」、「乙方」作簡稱，也可寫明雙方法定住所、營業批准機關名稱及批准時間、營業執照編號等。

（三）開頭

說明訂立意向書的目的、依據、時間、地點、原則，並用「達成如下合作意向」過渡到下文。標題下不寫雙方當事人名稱或姓名的，必須在開頭部分寫明雙方名稱或姓名。

（四）主體

一般應寫明項目的性質、內容、規模、實施時間和地點、雙方的權利和義務、具體分工、財務安排、價格等。會展意向書的內容一般是粗線條的，主體部分的每一部分用序號列出合作內容即可。

（五）結尾

結尾可說明本意向書不屬於正式合約、雙方保留進一步磋商的權利、以正式合約或協議書為準等意思，也可不寫結尾。

（六）簽署

由各方代表簽署姓名。

（七）簽署日期

寫明雙方實際簽字的日期。

【會展項目意向書例文】

委託培訓會展人才意向書

甲方：xx市新國際會展中心

乙方：xx市會展人才培訓中心

甲方為提高管理人員的業務素質，擬委託乙方舉辦一期短期培訓班，經雙方協商，達成初步意向如下：

一、培訓對象為甲方的中層管理人員，人數約為30人。

二、課程初步確定為「會展管理」、「會展策劃」、「會展營銷」、「會展文案」。

三、培訓期為10週，每週12小時，共120小時。半脫產，即利用工作時間一天、雙休日一天。初步定於2005年9月1日開班。

四、培訓費共3萬元，由甲方在開班前支付給乙方。

五、乙方負責提供培訓場地、聘請師資、印發教材和教學管理，結束時組織考核並給合格者發放結業證書。費用在培訓費中開支。

六、本意向書記載事項以雙方簽訂正式協議為準。

甲方：xx市新國際會展中心

代表：xxx（簽字）

乙方：xx市會展人才培訓中心

代表：xxx（簽字）

2005年6月1日

第三節　會展項目建議書

一、會展項目建議書的含義

　　會展項目建議書是會展合作雙方在已達成意向的基礎上，正式提出會展立項的書面報告。

　　二、會展項目建議書的結構和寫作要求

　　（一）標題

　　項目建議書標題由項目名稱和文種構成。

　　（二）正文

　　項目建議書的正文由前言、主體、結尾三部分組成。

　　（1）前言。寫明項目的名稱、背景、立項的理由等。

　　（2）主體。寫明項目的性質、內容、規模、實施時間和地點、參與項目各方的名稱和具體分工、財務安排、價格等。每一部分要列項標號，寫明小標題。

　　（3）結尾。表示希望，亦可省略。

　　（三）署名

　　署上提交機構的名稱或提交人的姓名。

　　（四）日期

　　寫明提交的具體日期。

　　【會展項目建議書例文】

　　第十二屆上海國際xx展項目建議書

　　一、展覽名稱

　　第十二屆上海國際xx展

　　二、展覽日期

2004年x月

三、展覽地點

上海xxx中心

四、展覽面積

xxxx平方公尺

五、支援單位：xxxx、xxxx、xxxxx

六、主辦單位

xxxx、xxxx、xxxx

七、國內承辦單位

上海xx展覽有限公司（甲方）、xxxx展覽有限公司（乙方）

八、展出內容

（一）通訊設備及技術

數位通訊、無線通訊、微波通訊、衛星通訊、通訊終端、測試儀器儀表、衛星天線、通訊機房設備、交換機、通訊配套設備、光纖、光纜、電纜、接插件、通訊電源、電池，配件、電信及網路解決方案、集群通訊系統、寬頻接入、藍牙技術、城域網、網管監控、會議電視系統、通訊軟體。

（二）通訊服務

電信運營商、電信增值服務、公眾資訊服務、網路資訊服務、IP電話、寬頻綜合業務、簡訊服務、MMS服務、通訊多媒體、電子商務、呼叫中心、智慧家電、影音串流通訊產品、手機、PDA、傳呼機、智慧家居、住宅智慧化、影音串流通訊技術、影音串流設

備。

九、組織分工

甲方負責：（略）

乙方負責：（略）

十、銷售價格

（一）境外展商

標準展台（9平方公尺）：xxx美元/個

光地：xxx美元/平方公尺

（二）境內展商

標準展台（9平方公尺）：人民幣xxxx元/個

光地：人民幣xxx元/平方公尺

十一、財務安排

財務目標：xxxxx元

預算：費用（設計施工費、展品運輸費、宣傳公關費、行政後勤類費用）

收益：（略）

上海xx展覽有限公司

二〇〇三年十月十二日

第四節　會展可行性研究報告

一、會展可行性研究報告的含義

會展可行性研究報告是在制定會展項目之前，對該項目實施的可能性、有效性、技術方案、技術政策進行具體、深入、細緻的技術論證和經濟評價，以求確定一個合理、合算的最優方案而寫的書面報告。

二、會展可行性研究報告的結構和寫法

（一）封面

封面包括標題、項目名稱、報告單位、報告日期。標題由會展項目名稱加上「可行性研究報告」或「可行性分析報告」組成，有時「報告」二字也可省略。如不設封面，則首頁上方居中寫標題，報告單位和報告日期置於正文之後。

（二）前言

可行性研究報告的前言要用概括的語言寫清楚項目的來由、目的、範圍以及本項目的承擔者和報告人，可行性研究的簡況等。

（三）主體

主體部分應當表達可行性研究報告的基本內容，它是結論和建議得以產生的基礎。要運用全面、系統的分析方法，圍繞經濟效益這一核心，透過大量的數據資料分析影響項目的各種因素，論證會展項目是否可行。

主體的每一部分應當以序號、小標題的形式分層撰寫。

（四）結論與建議

當進行上述分析之後，應對整個項目提出綜合分析評價，指出優缺點與建議。

（五）附件

為了結論的需要，往往還需加上一些附件，例如論證材料、附圖等，以增強報告的說服力。

（六）報告單位和日期

如無封面，則最後必須標註報告單位和日期。

【會展可行性研究報告例文】

2004年上海國際xx技術展覽會可行性研究報告

一、展覽名稱

2004年上海國際xx技術展覽會

二、展覽目的

當今世界xx技術飛速發展，各種用於患者的先進技術產品層出不窮。本屆展覽會的目的就是將目前世界上最先進的xx技術和器材介紹到國內來，以促進中國與國際上在xx技術領域的交流與合作，進一步提高中國的xx技術水平。

三、展覽時間和地點

時間：2004年8月8日至10日

地點：上海xx會展中心

四、主辦單位和分工

此次展覽會由上海xx會展中心有限公司與上海xx展覽有限公司聯合舉辦。雙方分工如下：

上海xx會展中心有限公司負責：提供展覽場地，設計和搭建展

台，安排開幕式和招待酒會，展場管理，印刷招展書、會刊、招展廣告。

上海xx展覽有限公司負責：展覽會報批，國內外招展，聯繫支援單位，聯繫國內外招展代理人，與海關、公安、消防方面協調，邀請有關領導出席。

五、贏利分成

展覽會贏利按下列比例分配：上海xx會展中心有限公司獲55%，上海xx展覽有限公司獲45%。

六、展覽面積和展位

展覽面積5000平方公尺左右，共設350個國際標準展位（3m×3m）。

七、收支預測

預測一：

1.展位價格：國內參展商5000元人民幣/標準展位；國外參展商10,000元人民幣/標準展位。

2.總收入：如展位全部出租，30%的展位由國外參展商租賃，總收入為：

5000×350×70% ＋10,000×350×30% ＝2,275,000元。

3.成本支出：

招展宣傳：700,000元；

展館費用：500,000元；

差旅費用：50,000元；

通訊費用：30,000元；

公關費用：100,000元；

其他費用：200,000元。

共計支出：1,580,000元。

4.盈餘：

收支相抵，共盈餘695,000元。其中：

上海xx會展中心有限公司獲利695,000x55％＝382,250元。

上海xx展覽有限公司獲利695 000x45％＝312,750元。

預測二：

1.總收入：如展位全部出租，50％的展位由國外參展商租賃，總收入為：

5 000x350x50％＋10 000x350x50％＝2,625,000元。

2.盈餘：

收支相抵，共盈餘1,045,000元。其中：

上海xx會展中心有限公司獲利1,045,000x55％＝574,750元。

上海xx展覽有限公司獲利1,045,000x45％＝470,250元。

八、風險

如展覽會因各種因素中途取消，則損失前期投入的費用約為200,000元左右。

九、結論

1.本屆展覽會在正常經營條件下，僅辦展一項（不計場館內的

廣告收入和其他服務性收入）可獲利695,000～1,045,000元，而風險
損失僅約200,000元，具有較好的經濟效益。

2.上海國際xx技術展覽會每年一屆，透過舉辦本屆會展，能夠
穩定老客戶，吸引新客戶，為下屆展覽會鋪平道路。

3.鑒於以上分析，建議舉辦本屆上海國際xx技術展覽會。

上海xx會展中心有限公司

上海xx展覽有限公司

2004年x月x日

第五節　會展招標投標文案

一、會展招標投標文案的含義

會展招標投標文案是在圍繞會展項目進行的招標投標活動中所
產生的文件的總稱，包括招標文件、投標文件、中標文件、招標備
案報告及情況報告等。會展招標投標文案的寫作主體必須具有合法
資格，寫作內容必須符合法律規定。

二、會展招標備案報告

（一）會展招標備案報告的含義

會展招標備案報告是招標人在進行招標活動之前，向主管招標
投標工作的行政監督部門申請備案的文件。根據《招投標法》的規
定，對依法必須進行招標的項目，且須招標人自行辦理招標事宜
的，應當向有關行政監督部門備案；其他非法律規定進行招標的項
目，招標人自行招標或委託代理招標的，無需備案。

（二）會展招標備案報告的結構和寫法

會展招標備案報告的結構有兩種形式：一種為表格式，即招標備案表，由主管招標投標工作的行政監督部門統一制定。招標人在進行招標之前先按規定填寫，同時提交相關的備案文件，獲準備案後方可發布招標公告或投標邀請書。

另一種為報告式，即採用公文中的報告寫法，一般由標題、主送機關、正文、附件、落款和發文日期組成。

（1）標題。一般由報告事項和文種組成。如：《xx會展中心建設工程項目招標備案報告》。

（2）主送機關。寫主管招標投標工作的行政監督機構的名稱。

（3）正文。會展招標備案報告的正文應當寫明擬招標項目的名稱和具備的條件，招標計劃，擬採用的招標方式和對投標單位的資質要求，評標方法，評標委員會組建方案，開標、評標的工作具體安排等。由於上述內容一般都要寫在招標公告、資格預審公告、投標邀請書、投標須知等文件中，而且備案時必須一併上報，因此報告本身的內容可以簡化，僅需說明項目名稱和目的，最後懇請予以備案。

（4）附件。招標公告、資格預審文件、投標邀請書、投標須知等附件要一一標明序號和名稱。

（5）落款。落款要寫明申請單位全稱，並由法人代表簽署。

（6）發文日期。寫明發文的具體時間。

【招標備案報告例文】

xxxx展館建設工程項目招標備案報告

xx市招標投標管理辦公室：

xxxx展館建設工程項目屬國家資金項目，已經市建委批准立項，批文號為xx〔2004〕105號。現擬進行公開招標，請予備案。

附件1：xxxx展館建設工程項目招標公告

附件2：資格預審文件

附件3：招標文件

xxxx會展中心有限公司

二〇〇四年五月二十日

三、會展招標公告

（一）會展招標公告的含義

會展招標公告是招標人在獲得招標管理機構備案後，以公開行文的方式邀請不特定的法人或者其他組織投標的文件。如果招標項目屬於重大項目，需要或依法必須對投標人的資格進行審查，可發布「資格預審公告」。資格預審公告本質上也是招標公告，資格預審完成後不必再發布招標公告。

一般會展招標公告和資格預審公告應當透過報刊、廣播、電視等大眾媒體直接向社會公布。對於依法必須進行招標的會展項目的招標公告和資格預審公告，應當透過國家指定的報刊、資訊網路或者其他媒介發布。

（二）會展招標公告的基本內容

（1）招標人的法定名稱和地址。

（2）招標項目的名稱及編號。

（3）招標的方式（即公開招標或邀請招標）。

（4）招標項目的性質（如寫明屬於國家項目或世界銀行貸款項目等）。

（5）招標項目的內容、數量和要求。

（6）招標項目的實施地點和時間。

（7）投標人的資格與條件。

（8）招標文件的價格以及取得的辦法。

（9）提交投標書的截止時間和地點。

（10）開標的具體時間、地點以及出席範圍。

（三）會展招標公告的結構和寫法

（1）標題。一般要寫明會展招標項目的名稱和文種，如：《xx國際會展中心酒店室內設計招標公告》。

（2）正文。會展招標公告的開頭簡要說明招標的目的，然後用「現將有關事項公告如下」之類的語句作為過渡，引出主體部分。

會展招標公告正文的具體寫法有三種：第一種是採用序號加小標題的形式，逐條寫明每個具體事項，層次分明，條理清楚，內容較多的招標公告可採用此法；第二種是以自然段落為層次，不加序號，主要用於內容較為簡單的招標公告；第三種是表格式，簡潔明瞭。

（3）落款。寫招標人或招標代理機構的名稱。

（4）發布日期。寫明實際發布的日期。在網上發布的招標公告，發布日期可置於標題之下。

【會展招標公告例文】

xx展台項目招標公告

xx技術有限公司擬將第十四屆多國儀器儀表展覽會xx展台項目進行公開競爭性招標，邀請有興趣的合格的投標人參加投標。

展台項目內容：設計、製作、運輸、搭建、維護、撤展，並包括原材料購買，必要的燈具、展覽設備的租賃。

感興趣的投標商可以從2003年10月9日起（星期六、日和節假日除外），每天上午9：00～11：00，下午1：00～3：30（北京時間），到xx技術有限公司105室購買招標文件。招標文件每份售價人民幣400元。如需郵寄每份加收郵寄快件費200元。招標文件售出不退。

投標書必須於2004年1月30日星期五上午10：00（北京時間）之前送到xx技術有限公司105室。郵寄標書以投標文件寄出的郵戳日期為準，自送標書以送達時間為準。

公開開標定於2004年1月31日上午10：00（北京時間）在xx技術有限公司105室進行。屆時，投標人代表可以出席。

業主：xx技術有限公司

地址：xx省xx市xx路400號

郵遞區號：xxxxxx

電話：xxxx-xxxxxxxx

傳真：xxxx-xxxxxxxxx

聯繫人：xx

四、會展投標邀請書

（一）會展投標邀請書的含義

會展投標邀請書適用於兩種情況：一種是會展項目招標人在招標管理機構同意備案後，直接邀請特定的法人或者其他組織參加投標。使用這種投標邀請書的，不再發布招標公告；另一種是先發布招標公告或資格預審公告，然後對投標申請人進行資格預審，對預審合格的投標申請人再發出投標邀請書。

（二）投標邀請書的結構和寫法

（1）標題。寫明會展招標項目的名稱和文種，如：《國際標準展板採購項目投標邀請書》。

（2）稱謂。即邀請投標對象的名稱。應當使用單稱，寫明對方的全稱。

（3）正文。會展投標邀請書的開頭先說明招標的目的，然後明確邀請對方參加本項目的投標，接著用「現將有關事項告知如下」作為過渡，引出正文。正文應當載明的內容與招標公告相同。

（4）落款。寫招標人或代理機構名稱。

（5）發出日期。寫明發出邀請書的實際日期。

【會展投標邀請書例文】

xx展台搭建項目投標邀請書

xx公司：

我公司將於2005年10月10日在xx國際博覽中心參加xx博覽會，特誠邀貴公司參加我公司展台搭建項目的投標活動，現將有關事項告知如下：

一、項目概況

（1）項目名稱：xx展台搭建

（2）實施地點：xx國際博覽中心2號館底樓26號展位

二、招標項目及要求

詳見附件xxxxxxx（共2頁）

三、投標要求

（1）投標書應包含設計方案（附有平面圖、效果圖、大樣圖）、用料說明、工程預算書（含稅報價）、質量保證、施工組織方案、工期、服務承諾等內容，並加蓋貴公司公章。

（2）投標時請同時提供貴公司介紹信、法定代表人證明書、法定代表委託證明書、公司簡介、營業執照複印件（加蓋公章，原件備查）。

四、日程安排

（1）2005年5月11日下午3：00至5：00在xxxx領取招標文件。

（2）投標截止時間為2005年6月11日下午5：00。請各貴公司將密封的《投標書》送至xxxxx，地址：xxxxxxxxx，聯繫電話：xxxxxxxxx，傳真：xxxxxxxxx，聯繫人：xxx。

（3）開標時間定於2005年6月12日下午3：00，地點為xxxxxxxx。歡迎貴公司派代表參加。

××××××××有限公司

2005年6月1日

五、招標文件

（一）招標文件的含義

招標文件是招標人發出招標公告或投標邀請書，或經資格預審後，向投標申請人發出招標書面材料的總稱，這些書面材料包括：

（1）投標邀請書。包含在招標文件中的投標邀請書是招標人正式邀請投標人投標的法定性文件，在招標文件中具有正件（主件）的性質，因此必須放在第一部分，作為招標文件的開頭，而其他具體材料則具有附件的性質。

（2）投標須知。即招標人向投標人告知招標的目的、宗旨、原則、內容、方式、要求和程序的法定性文件，既是對投標人的一種約束，也是對投標人的承諾，對招投標雙方都具有法定效力。

（3）合約主要條款。即由招標方提出的投標人一旦中標後與之簽訂的合約條款，具有格式條款的性質。投標人只有在接受這些條款的前提下進行投標，且內容上必須符合合約法的規定。

（4）投標文件格式。由招標人統一制定投標文件的格式，有助於規範投標行為，提高招標、投標的工作效率，體現招標投標的公平性。

（5）採用工程量清單招標的，應當提供工程量清單。

（6）技術條款。

（7）設計圖紙。

（8）評標標準和方法。包括評標機構的組成、評標的原則、標準、程序、方法以及評標人員應遵守的紀律。

（9）投標輔助材料。包括投標函、法定代表人授權委託書、報價表、售後服務內容及承諾、投標人資格證明文件等。這部分材料由招標人制定格式，要求投標人按要求填寫相關內容，作為投標文件的組成部分一併提交給招標人或招標代理機構。

（二）招標文件的結構和寫法

招標文件的結構和寫法有兩種情況：一種情況是對國家法律法規規定必須實行招標的項目，由行政主管機關制定範本，從內容到形式統一規範，並要求強制執行。另一種情況是招標人根據《招投標法》對招標文件內容的規定，自行安排招標文件的結構，主要用於必須依法招標項目以外的招標活動。

無論是上述哪一種情況，在總體結構上，招標文件應當包括封面、目錄、主體三部分，必要時還可增加附件部分。

1.封面

標明標題、項目名稱、招標編號、招標單位名稱、法人代表姓名、代理機構名稱、編制日期（加蓋公章）。如果是由行政主管機構監製或統一發布，要寫明監製或統一發布機構的名稱。

2.目錄

由於招標文件的內容比較詳盡，篇幅較長，為方便查找具體條款，封面之後應當有一份目錄。

3.主體

招標文件主體的內容較多，包含投標邀請書、投標須知、合約

主要條款等多個文種。寫作時，可根據不同文種的特點確定相應的結構方式，也可將各個部分具體文件的結構體例加以統一，使之成為一個有機的整體。

主體的結構體例通常有下列幾種表述方法：

（1）章條法，通篇或某個部分以編、章、節、條、款、項、目等結構體例表述。

（2）公文序號法，即最大的層次用「第x部分」表示，然後用公文寫作中使用的「一、（一）1.（1）」表述其他各個部分的層次，序號後也可標註小標題。

（3）標準序號法，即採用國家各種標準的寫作所使用的阿拉伯數字疊加表述層次的方法，如「1 1.1 1.1.1」。

【招標文件參考樣式】

封面：

2004年xx國際電子生產設備暨微電子工業展覽會xx展台項目招標文件

項目名稱：xx展台項目

招標編號：SHSH200504VI

招標單位：xx技術有限公司

法人代表：xxx

編制日期：二〇〇四年四月十日

目錄：

目　錄

（略）

主體：

2004年xx國際電子生產設備暨微電子工業展覽會xx台項目

招標書

第一部分：招標說明

一、使用範圍

本招標文件僅適用於2004年xx國際電子生產設備暨微電子工業展覽會xx展台設計、製作、運輸、搭建、維護、撤展工作，包括原材料購買，必要的燈具、展覽設備的租賃。

二、合格的投標人

本次招標合格的投標人僅限於已經接受公司邀請，明確表示願意參加此次招標的單位，不接受聯合投標或委託投標。最後中標的投標人及實施人，不能轉包、分包。

三、招標形式

本次招標採取「議標」的形式進行。

四、投標費用

投標人應自行承擔所有與編寫和提交投標文件有關的費用，不論投標的結果如何，招標人在任何情況下均無義務和責任承擔這些費用。

五、投標截止日期

2004年6月13日17點，所有投標文件請以特快專遞或直接送至招標方，郵寄標書以投標文件寄出的郵戳日期為準，自送標書以送

達時間為準。

六、招標文件的修改（略）

七、對招標文件的聲明（略）

第二部分：投標須知

一、定義

（1）項目法人：xx技術有限公司。

（2）招標人：xx技術有限公司。

（3）投標人：本次招標中收到邀請參加投標的單位。

（4）中標人：最終被授予合約的投標人。

（5）項目招標領導小組：由項目法人、招標人按一定的程序和要求而組建的機構，負責領導招標工作。

（6）評標委員會：在項目招標領導小組的領導下，聘請專家和有關單位人員組成，負責具體評標工作。

（7）甲方：（招標工程項目法人名稱）即項目法人，在招標階段稱為招標人，在簽訂和執行合約階段稱為甲方。

（8）乙方：在招、投標階段稱為投標人，在中標以後簽訂和執行合約階段稱為乙方。

二、工程概況及招標範圍

（1）工程施工地點：xxxx。

（2）施工面積：xxx平方公尺。

（3參展內容：xx集團形象、xx工廠自動化整體解決方案、xx

系列產品、十年歷史足跡。

（4）招標範圍：2004年xx國際電子設備暨微電子工業展覽會xx展台的設計、製作、運輸、搭建、維護、撤展工作，包括原材料購買，必要的燈具、展覽設備的租賃以及相關的技術服務。

（5）展台功能需求：全開放島型式展台。

（6）形象展示：包括公司介紹材料（展板）、公司形象宣傳片放映、企業風采展示。

（7）產品展示：實物展品與軟體產品的現場展示。

（8）客戶接待：客戶簽到、簽名、索取資料。

（9）現場活動與技術講座：現場將舉行一系列活動與現場技術講座，要求能容納30人左右。

（10）客戶洽談：與潛在客戶進行深入的交流、洽談。

（11）資料儲存：現場派發的大量資料儲存。

三、工程實施日期

2004年x月x日 8：30～17：00

四、投標截止日期

投標方在2004年x月xx日xx點前提交全部投標文件，所有投標文件請以特快專遞或直接送至招標方，郵寄標書以投標文件寄出的郵戳日期為準，自送標書以送達時間為準。超過此日期提交的投標文件有可能被視為無效。

第三部分：投標文件的編寫

一、投標文件的編寫

投標人應仔細閱讀招標文件，瞭解招標文件的要求。在完全瞭解招標貨物的技術規範和要求以及商務條件後，編制投標文件。

二、投標文件的語言及計量單位

（1）投標人的投標書以及投標人就有關投標的所有來往函電均應使用中文。

（2）投標文件中所使用的計量單位除招標文件中有特殊規定外，一律使用法定計量單位。

三、投標文件構成

投標人提交的投標文件應包括下列內容：

1.投標方案。方案不限一套，但每套方案必須包括：

（1）設計說明：闡述設計的意圖。

（2）設計圖紙：包括效果圖（不同角度的共三張以上）、平面圖等資料，如果有特殊設計的，須同時提供局部效果圖。

（3）局部尺寸：包括展板數量和尺寸、局部造型尺寸等。

（4）材料清單：所有材料必須註明種類、型號、價格。

2.投標報價。投標方應提供詳細的報價清單。

3.項目實施計劃。投標方應以書面的材料說明如果中標後如何保證項目的順利實施，包括工程進度安排表。

4.能證明投標人資格與能力的證明文件，包括：

（1）投標人「法人營業執照」（複印件）。

（2）法人代表授權書（原件）。

（3）法人授權代表身分證（複印件）。

（4）獲獎證書。

（5）資質證明。

（6）客戶與項目清單。

（7）其他投標人認為有必要提供的聲明及文件。

5.接受合約條款的承諾，對招標文件中規定的合約條款如無疑義，應明確表示接受，如有疑義，也應書面明示。

6.除以上內容外，投標人可以將其他認為有必要提供的內容納入投標文件中。但應當注意，納入投標文件中的一切文件，都將被視為投標方的承諾。

四、投標文件的書寫要求

（1）文件正本和所有副本須影印，裝訂成冊。

（2）投標文件的書寫應清楚工整，凡修改處應由投標全權代表蓋章。字跡潦草、表達不清、未按要求填寫或可能導致非唯一理解的投標文件可能被定為廢件。

（3）投標文件應有法人授權代表在規定簽章處逐一簽署並加蓋投標人的公章。

（4）投標方須向招標方提交兩份同樣的投標文件，其中一份正本，一份副本。

第四部分：合約主要條款

一、定義

（略）

二、服務範圍

（略）

三、合約價格

（略）

四、付款方式

（略）

五、監造

（略）

六、違約責任

（略）

七、合約的變更、中止與終止

（略）

第五部分：附件

附件1：現場實景圖（電子稿）、展位平面圖

附件2：公司簡介

附件3：展品規格描述

附件4：公司logo規範組合（電子稿）

附件5：xx宣傳樣本

附件6：xx企業形象宣傳片

六、投標文件

（一）投標文件的含義

投標文件是投標人根據招標文件的要求和格式製作，對招標文件提出的實質性要求和條件作出響應，並在規定的時間和地點向招標人提交的參加投標的各種書面材料的總稱，具有要約的法律性質。投標文件一般由以下幾部分組成：

（1）投標函。即投標人向招標人提交投標文件的申請性文書，具有回應招標文件中的投標邀請書並向招標人正式要約的作用。投標函應當載明以下資訊：

①所收到的招標文件的標題和編號。

②接受招標文件的全部內容並參加投標的態度。

③被授權代表的姓名及其權限。

④總報價。

⑤投標文件的數量及名稱。

⑥投標人的聯繫方式。

⑦法定代表人的簽署和單位公章。

⑧發出投標文件的日期。

（2）投標一覽表。

（3）施工組織設計，如屬於施工項目，要說明施工組織設計。具體內容包括：工程概況、施工總體布置和組織管理機構、設備、材料、人員使用計劃和運到施工現場的方法、施工總平面布置圖說明、主要分項工程施工方案和施工方法、施工進度計劃安排、質量保證體系、施工技術組織保證措施以及其他應明確的事項。

（4）技術性能參數的詳細描述。

（5）商務和技術偏差表。

（6）投標保證金。招標文件要求投標人提交投標保證金的，投標人應當提交。

（7）有關資格證明文件。

（8）招標文件要求的其他內容。

（二）投標文件的總體格式和具體要求

投標文件的編制應當嚴格遵照招標文件規定的格式和具體要求，否則會影響投標。在總體結構上，投標文件應當包括封面、目錄、主體三部分，必要時還可增加附件部分。以下著重介紹主體部分。

投標文件主體包含投標函、投標報價、資格證書等多個文種，寫作時，可根據不同文種的特點確定相應的結構體例。

（三）投標函的結構和寫法

（1）標題。寫明投標項目名稱和文種。

（2）稱謂。寫明招標人的名稱。

（3）正文。開頭寫明投標文件的制定依據，也就是要說明是根據招標文件的各項要求制定投標文件，然後逐項寫明投標函的各項內容。

（4）落款。應當署投標人的法定名稱並由法定代表人或授權代表簽章。

（5）制定日期。

（四）投標報價表的結構與寫法

（1）標題。寫明投標項目的名稱和「投標報價表」或「投標一覽表」。

（2）正文。正文採用表格的形式，內容包括：投標人名稱，每項報價的序號、名稱、數量、投標價和交貨日期，總報價。

（3）落款。由投標人落款並加蓋公章，同時由法定代表人或授權代表簽章。

（4）制定日期。

（五）法定代表人授權委託書

（1）標題。寫明「法定代表人授權委託書」或「法人代表授權委託書」。

（2）稱謂。寫招標人的法定名稱。

（3）正文。寫明授權代表的姓名、年齡、性別、身分證號碼、聯繫方式以及委託權限和有效期限。

（4）落款。由投標單位落款並加蓋公章，同時由法定代表人簽章。

（5）制定日期。

（六）資格聲明的結構和寫法

（1）標題。由投標人名稱和「資格聲明」組成。

（2）稱謂。寫明招標人名稱。

（3）正文。寫明投標人所提交的全部資格證明文件是真實的，並保證進一步提供招標人所需的其他證明文件。

（4）落款。由投標人落款並加蓋公章，同時由法定代表人或授權代表簽章。

（5）制定日期。

（七）投標保證金保函的結構和寫法

（1）標題。由投標項目名稱和「投標保證金保函」組成。

（2）稱謂。寫明招標人的名稱。

（3）正文。一般要寫明保函的適用單位、項目、保證金的幣種和數量，保函的有效期限等。

（4）落款。保函應當由銀行出具，署銀行名稱並蓋章，並由銀行法定代表人簽章。

（5）出具日期。

【投標文件參考樣式】

封面：

××會展中心VI設計項目投標文件

項目名稱：××會展中心VI設計

招標編號：SHSH200504VI

投標單位：××展覽有限公司

法人代表：×××

編制日期：××××年×月×日

目錄：

目　錄

（略）

主體：

第一部分 投標函

xx會展中心VI設計項目投標函

xx會展中心有限公司：

我公司確認收到貴方提供的xx會展中心VI設計項目投標文件
（編號：SHSH200504VI）的全部內容。我公司作為投標人正式授
權xxx（我公司總經理）代表我公司負責有關本投標的一切事宜。

我公司提交的投標文件共五份（正本一份，副本四份），包括
如下內容：（略）

我公司完全明確投標文件所有條款的要求，並宣布：

1.我公司決定參加貴方本項目的投標。

2.我公司的投標總價為：xxxx萬元人民幣（詳見報價表）。

3.我公司同意按照貴方可能提出的要求而提供與投標有關的任
何其他數據或資訊。

4.如我公司被授予合約，將保證履行投標文件以及投標文件修
改書（如果有的話）中的全部責任和義務，按質、按量、按期完成
合約中的全部任務。

所有與本投標有關的函件請發往下列地址：

地址：xxxxxxxxxxx　　郵遞區號：xxxxxx

電話：xxxxxxxxx　　傳真：xxxxxxxxx投 標 人：xx展覽有
限公司（公章）

法人代表簽章：xxx

日期：xxxx年x月x日

第二部分 投標一覽表

xx會展中心VI設計項目投標一覽表

（略）

第三部分 施工組織設計

（略）

第四部分 技術性能參數的詳細描述

（略）

第五部分 商務和技術偏差表

（略）

第六部分 法定代表人授權委託書

（略）

第七部分 資格證明文件

（略）

第八部分 投標保證金保函

投標保證金保函

xx會展中心有限公司：

xxxxxx銀行無條件、不可撤銷地具結保證本行、其繼承人和受讓人無追索地向貴方以人民幣支付總額不超過x萬元整的金額，作為xx展覽有限公司（以下簡稱賣方）於xxxx年x月x日就xx會展中心

VI設計項目（招標編號：SHSH200504VI）向貴方投標的保證金。
並承諾如下：

一、賣方如中標後未能按投標書的承諾與貴方簽訂合約，只要
貴方確定，無論賣方有任何反對，本行將憑貴方的書面違約通知，
立即按貴方提出的不超過上述累計總額和該通知中規定的方式付給
貴方。

二、本保證金項下的任何支付應為免稅和淨值，無論任何人以
何種理由提出扣減現有和未來的稅費、關稅、費用或扣款，均不能
從本保證金中扣除。

三、本保函在貴方向賣方發出中標通知書後開始生效。

謹啟

出證行名稱：（公章）

法定代表人：（簽章）

開證日期：xxxx年x月x日

（完）

七、中標通知書和未中標通知書

（一）中標通知書和未中標通知書的含義

中標通知書是招標人或招標代理機構在定標後，向中標人發出
確認中標資格並通知其簽訂合約的文件。中標通知書一經發出，招
標人和中標人的合約關係便宣告成立。若招標人改變中標結果，或
者中標人放棄中標項目，應當依法承擔法律責任。

未中標通知書是招標人或招標代理機構在定標後，向未中標人

告知評標結果的文件。

（二）中標通知書和未中標通知書的結構和寫法

（1）標題。寫「中標通知書」或「未中標通知書」。

（2）稱謂。寫明中標人名稱或未中標人的名稱。

（3）正文。中標通知書的正文要寫明中標項目名稱、招標編號、中標數量和中標價、簽訂合約的時間等。未中標通知書的正文要明確告知該單位未中標的事實以及中標單位的名稱，同時對該單位參加投標表示感謝。若收取投標保證金的，要寫明予以退回。

（4）落款。由招標人或招標代理機構署名、蓋章，並由法定代表人簽章。

（5）發出日期。

【中標通知書例文】

中標通知書

××會展有限公司：

我公司招標編號為SHSH200504VI的××會展中心VI設計項目的招標，透過評標委員會評標和招標工作小組定標，確定貴單位中標。中標總價為人民幣×××萬元。請於×月×日到××××與我公司簽訂合約。

招標人：××會展中心有限公司（蓋章）

法人代表：（簽字、蓋章）日期：××××年×月×日

【未中標通知書】

未中標通知書

xxxx公司：

十分感謝貴公司參加我公司招標編號為SHSH200504VI的xx會展中心VI設計項目的招標，透過評標委員會評標和招標工作小組定標，確定xx會展有限公司中標。對貴公司未能在此項招標中中標，我們深表遺憾。我們期待將來有機會再次合作。

招標人：xx會展中心有限公司（蓋章）

法人代表：（簽字、蓋章）日期：xxxx年x月x日

第四章　招展招商和現場管理文案

第一節　招展和招商公告

一、招展和招商公告的含義

招展和招商公告又稱為「招展書」和「招商書」，是一種以透過媒體公開發布的方式邀請不特定的法人、其他組織或個人參會、參展、參談、贊助、觀展、洽購的會展商務文案。

招展和招商公告既有關聯又有區別。從廣義上看，會展招商所指的範圍較廣，包含招展，也就是說，招展是會展招商的一個類別。會展招商除了招展外，還包括尋求合辦者、支持者、贊助商（如冠名贊助、指定產品贊助等）、會展名稱、標誌的使用權受讓者、廣告主以及招徠客商和普通觀眾等。但在會展實踐中，人們常常把用於招徠參展商的文件稱為招展公告（招展書），而針對其他項目的招商文件稱為招商公告（招商書），同時招展和招商的，也可稱為招商公告（招商書）。

使用招展和招商公告要把握其兩大特點：一是必須透過廣播、電視、報刊和網路公開發布；二是邀請的對象具有不確定性。

二、招展和招商公告的內容

招展和招商公告有兩種寫作版本：一種是詳細版本，另一種是簡要版本。詳細版本內容全面，無須用其他附件補充說明；簡要版

本則僅告知舉辦展覽的主要資訊，有意向的單位諮詢時再發放《參展說明書》或《展覽服務手冊》。以上兩種寫作版本都可以掛在網上，供有意向參展的單位瀏覽或下載。

（一）招展公告的基本內容

詳細版本的招展公告一般要寫明以下內容：

（1）展會的名稱、歷史成果和當前背景。

（2）展會的目的、宗旨、主題和活動形式。

（3）主辦、協辦、承辦、支援單位及組委會的陣容。

（4）展會的時間、展期、地點。

（5）展會的規模（展覽面積和展位數量）。

（6）展品範圍、展區設置。

（7）展位規格和價格。

（8）參展的資格和條件。

（9）參展程序和報名辦法。

（10）展會日程安排，包括參展單位工作人員的報到和作息時間、布展時間、展館開放時間、撤展時間等。

（11）展會服務項目。

（12）參展須知（規則）。

（13）聯繫方法。

（二）招商公告的基本內容

詳細版本的招商公告一般要寫明以下內容：

（1）會展項目的基本情況，包括名稱、歷屆成果、目的、主題、活動區塊、組織陣容、時間、地點、規格、規模等。

（2）招商的具體項目、回報方式、規格、價格。

（3）申請招商項目的資格和條件。

（4）申請和聯繫辦法。

（三）簡要版本招展和招商公告的基本內容

招展和招商公告的簡要版本在內容上可作適當壓縮，以避免同招展說明書或招商說明書重複，但必須載明展覽會的名稱、主辦單位、時間、展期、地點、參展或申請程序、報名辦法、聯繫方法。

三、招展和招商公告的結構與寫法

（一）標題

有兩種寫法：一種由展覽會的名稱和「招展公告」或「招商公告」組成。如《2004年中國森林旅遊博覽會招展公告》。另一種採用公文標題的形式即由發布機關、事由和「公告」組成。如《中國—東盟博覽會秘書處關於第二屆中國——東盟博覽會參展參會有關事項的公告》。

（二）正文

開頭部分用一段文字簡要介紹展覽會的名稱、主辦者、歷史成果和當前背景，然後用「現將有關事項公告如下」作過渡，引出下文。由於需要介紹的內容較多，主體部分應採用序號加小標題的形式逐項表述。一般不設結尾。在結構形式上也可以採用通篇（包括開頭）都採用序號加小標題的體例。寫作時要特別注意時間、地點、展品範圍、展位價格等基本資訊表述的準確性。

（三）落款

寫明主辦者或組委會的名稱。

（四）發布日期

寫明發布的具體日期。

【招展公告例文】

xx博覽會秘書處關於第二屆xx博覽會參展參會有關事項的公告

xx博覽會是由中國國務院倡議，由中國和東盟10國經貿主管部門及東盟秘書處共同主辦的國家級、國際性經貿交流盛會，每年定期在中國南寧舉辦。

第二屆xx博覽會將於2005年10月19～22日舉行，現將有關事項公告如下：

一、地點與規模

地點：xx國際會展中心。

規模：室內展廳15個，淨展覽面積50000平方公尺，可搭建國際標準展位3000個（詳見附件2）；室外展場26000平方公尺，可搭建國際標準展位500個（詳見附件3）。

二、展區與內容

共設國家專題、商品貿易專題、投資合作專題、旅遊專題四大展區。

（一）國家專題展區

（略）

（二）商品貿易專題展區

（略）

（三）投資合作專題展區

（略）

（四）旅遊專題展區

（略）

三、展位與費用

（一）展位類別及配置

標準展位面積為9平方公尺（3m×3m）/個，含公司楣板、三面圍板（過道轉角展位有兩面圍板及兩塊楣板）、一張桌子、兩張椅子、兩盞射燈、一個500W單相插座、一個紙簍，並鋪設專用地毯。

展覽淨地面積按36平方公尺起租，不含任何配置。

（二）展位價格

中國境內參展適用人民幣報價，境外適用美元報價。

（略）

（三）指定帳號

（略）

四、參展報名

（一）參展方式

各國（地區）政府有關部門組織本國（地區）企業參展；各國

（地區）商協會組織會員企業參展；各國（地區）專業代理機構組織企業參展；各國（地區）企業自行報名參展等。

（二）參展要求

企業在註冊國（地區）擁有合法的經營資格；不得侵犯知識產權，不得展示假冒偽劣產品；不得轉售、倒賣展位；不得現場零售展品。

對違反上述規定的企業，xx博覽會秘書處保留立即取消其參展資格的權力。

（三）報名流程

聯繫xx博覽會秘書處，取得〈第二屆xx博覽會參展報名表〉（見附件四）或登入博覽會官方網站xxxxxx下載上表，複印有效。

填妥〈第二屆xx博覽會參展報名表〉，傳真或寄送xx博覽會秘書處；或登入博覽會官方網站，線上填寫〈第二屆xx博覽會參展報名表〉，發送電子郵件至xx博覽會秘書處。

報名截止日期：2005年7月31日。

五、展位確認與繳費

（一）展位確認

中國—東盟博覽會秘書處收到〈第二屆xx博覽會參展報名表〉後，將對有關企業的申請內容予以書面確認，並根據確認的內容安排展位。

如在2005年9月30日前仍未收到展位確認函，請登錄博覽會官方網站或致電博覽會客服熱線（+86-xxx-xxxxxx）查詢結果。

（二）展位費繳付

境內外組團參展單位或自行報名參展企業，在收到xx博覽會秘書處展位確認函後，須在確認函規定的時間內將相關費用繳付到本公告規定的指定帳號。

逾期未繳付展位費的，博覽會秘書處對原已確認安排的展位不予保留。

經確認展位並已付費的參展企業，取消參展並在開幕前90天內通知博覽會秘書處的，經確認可退還100%的展位費；開幕前60天內通知秘書處的，經確認可退還50%的展位費；開幕前30天內通知秘書處的，展位費不予退還。

六、如何參會

（一）參會方式

各國（地區）主辦部門組織本國採購商參會；各國（地區）商協會組織本行業採購商參會；專業代理機構組織採購商參會；各國（地區）採購商自行報名參會等。

（二）報名流程

聯繫xx博覽會秘書處，取得〈第二屆xx博覽會參會報名表〉（見附件5）或登入博覽會官方網站xxxxxx下載上表，複印有效。

填妥〈第二屆xx博覽會參會報名表〉，傳真或寄送中國——東盟博覽會秘書處；或登入博覽會官方網站，在線填寫〈第二屆xx博覽會參會報名表〉，發送電子郵件至中國—東盟博覽會秘書處。

中國—東盟博覽會秘書處收到〈第二屆xx博覽會參會報名表〉後，將及時向報名客商寄送參會請帖。

參會客商可憑參會請帖（一帖3人）及有效身分證件免費領取進館證件參會。

七、××博覽會秘書處聯繫方式

（略）

此前發布的第二屆××博覽會參展參會有關資訊，如有與本公告內容不符的，以本公告為準。

附件1：第一屆××博覽會簡況

附件2：第二屆××博覽會室內展廳分布圖

附件3：第二屆××博覽會室外展廳分布圖

附件4：〈第二屆××博覽會參展報名表〉

附件5：〈第二屆××博覽會參會報名表〉

××博覽會秘書處

二〇〇五年三月二十四日

【會展招商書例文】

2003年中國××年會暨2003年中國優秀××企業頒獎大會招商書

一、主辦單位：中國××聯合會，《中國××》雜誌社

二、會議時間：2003年12月8-9日

三、會議地點：中國北京××會議中心

四、會議背景

「2003年中國××年會暨2003年中國優秀××企業頒獎大會」是中國舉辦的首次××年會，本次會議雲集政府官員、權威專家、研究學

者、著名xx企業、生產企業等各路精英，由中國xx聯合會、《中國xx》雜誌社主辦，得到了xx委、中國xx部等機構的支持和指導。會議期間還將舉行中國優秀xx企業頒獎大會，此次中國優秀xx企業評選活動由《中國xx》《xx日報》《中國xx報》等多家媒體組織評選。此次年會將會給中國xx企業提供一個互相交流與研討的平台，探討在新經濟時期中國現代xx業的可持續發展。

本次會議是中國xx產業中一次規格高、影響力大、參會企業眾多的盛會，將會有xx企業、設備企業、軟體企業、生產企業、商業流通企業、諮詢企業等400多家企業與會。在京各大新聞媒體對本次會議都給予了很大的關注，電視臺、電臺、報刊、雜誌等屆時都將會進行廣泛的報導。如此盛大的規模和廣泛的宣傳，必將為贊助本次會議的企業帶來巨大的商業回報，提供一個樹立自身形象、提高知名度、廣泛宣傳品牌、開發潛在市場的絕好時機。

五、會議描述

參會人數：400～500人

參會對象：國家相關部門領導，xx、經濟研究領域的專家、學者等知名人士，大型xx企業領導、代表，知名生產企業領導，xx等經濟類媒體領導，電臺、電視臺、報紙、雜誌等大眾媒體記者等。

有關本次活動的詳細情況，請參見附件。

六、費用及回報內容

（一）協辦單位

協辦費：10萬元人民幣

回報內容：

1.媒體宣傳

（1）在本次會議的新聞發布會會場背板上標明協辦單位名稱和標誌。

（2）在中央電視臺、北京電視臺、新華社、中新社、新浪網、《經濟日報》、《中國經營報》、《經濟觀察報》、《21世紀經濟報導》、《中國交通報》、《中國物流與採購》等50多家媒體對年會的新聞宣傳報導中突出「××企業協辦本次會議」等字樣，進行企業宣傳。

（3）在媒體上發布的會議廣告中標明協辦單位的名稱與標誌。

（4）《中國××》免費為協辦單位進行1次專訪報導。

（5）免費在《中國××》雜誌上刊登彩色整版廣告2次。

（6）在本次會議的會刊扉頁上刊明協辦單位的名稱和標誌。

（7）在大會會刊上為協辦單位提供一個封二、封三或封底整版供協辦單位作廣告宣傳。

（8）免費為協辦單位在「中國××網」上進行友情連結。

2.會場宣傳

（1）在大會會場背板上印上協辦單位的名稱與標誌。

（2）在大會會場，可為協辦單位提供一個「易拉架」（1800mm×1200mm）及一條廣告條幅進行廣告宣傳。

（3）在會場廣告牌、指示牌和代表證上印上協辦單位的名稱與標誌。

（4）在為本次會議印製的手提袋兩面印上協辦單位的名稱與標誌。

3.其他回報

（1）協辦單位可在年會上發表30分鐘的主題演講；

（2）邀請協辦單位為特邀頒獎嘉賓，為「2003年優秀xx企業」頒獎。

（3）協辦單位可派代表參加本次會議的各種媒體見面會。

（二）支援單位

支持費：5萬元人民幣

回報內容：（略）

（三）贊助單位

贊助費：3萬元人民幣

回報內容：（略）

七、聯繫方式（略）

2003年中國xx年會組委會招商處

二〇〇三年九月二十日

第二節 參展和招商邀請函

一、參展和招商邀請函的含義

參展邀請函是一種以個別發送的方式邀請特定的法人、其他組

織或個人參展的文案。

招商邀請函是一種以個別發送的方式邀請特定的法人、其他組織或個人參會、參談、贊助、觀展、洽購的會展商務文案。

參展和招商邀請函的基本內容與招展和招商公告相差無幾，一般也分為詳細和簡要兩種版本，內容簡要的參展邀請函一般要同時附寄參展說明書（展覽服務手冊）或招商說明書。

參展和招商邀請函與招展和招商公告的不同之處在於，前者的邀請對象是明確的、特定的，因此一般採取個別發送的方式；後者的邀請對象具有不確定性，因此必須採取公開的方式發布，而且知曉的範圍越廣越好。

參展和招商邀請函可以與招展和招商公告配合使用，一方面透過招展和招商公告向不確定的對象發出參展和招商邀請；另一方面，透過參展和招商邀請函向確定的對象，即目標客戶發出參展或招商邀請，雙管齊下，可以收到較好的效果。

二、參展和招商邀請函的結構和寫法

（一）標題

一般由展覽會名稱和「參展（或招商）邀請函」組成，也可寫明招商的項目名稱，如《合作辦展邀請函》。

（二）稱謂

由於參展邀請函是發給特定對象的，因此一定要寫稱謂，即邀請對象的單位名稱。邀請個人參展則須寫個人姓名，並冠以敬詞。

（三）正文

正文要逐項表達參展邀請函的內容，可以先用一段文字簡要介

紹展覽會的名稱、主辦者,然後點出「誠邀貴單位(公司)參展」這一主題,再用「現將有關事項告知如下」作為過渡,引出主體部分。主體部分多採用序號加小標題的形式,也可通篇僅以自然段落展開說明。

(四)落款

寫主辦單位或組委會的名稱。

(五)發出日期

寫明實際發出的日期。

【參展邀請函例文】

第八屆中國xx投資貿易洽談會境外館參展邀請函

尊敬的xxx女士/先生:

中國xx投資貿易洽談會(簡稱投洽會)是由國家xx部主辦,全國各省、自治區、直轄市和部分計劃單列市人民政府以及國家有關部、委、辦、局、協會共45個成員單位參加的,中國唯一的全國性國際投資貿易盛會,每年x月x日至x日在xx舉行。

投洽會以其獨具的國際性、權威性和實效性,吸引了境內外眾多的官方或半官方機構和企業參展,同時也吸引了世界近百個國家和地區的投資商、貿易商以及投資中介和商協會參會。每屆蒞會的境外客商超過1萬人,境內客商達5萬多人。投洽會既是外國商品和資本進入中國市場,中國企業走向世界的重要橋梁,又是中國最具影響力的著名品牌展會之一,正向國際投資博覽會方向發展。

進一步突出投洽會的國際性,擴大參展國家和地區的數量、規模,全力打造國際投資博覽會的品牌形象,是本屆投洽會的目標定

位。因而，除設有成員單位招商館、投資服務館和企業館外，還將擴大並重點辦好境外館，為境外各國、各地區擬拓展中國市場的企業提供一個最佳舞台。

——展示企業形象，宣傳品牌的最佳窗口。投洽會是中國唯一國家級的，以投資及其相關貿易洽談為主題的大型國際展覽會，到會客商不僅來自全國各省市區，而且還來自世界近百個國家和地區。此外，還有來自國內各省及世界各國的共300多家媒體1200名記者，對大會進行採訪報導。因此，參展商可借此商機充分展示企業形象，全面宣傳品牌產品，樹立具有個性化和親和力的公眾形象。

——投資貿易的舞台，蘊藏無限商機。本投洽會作為中國唯一的全國性國際投資促進專業盛會，仍將繼續為國際投資促進發揮其無可替代的重要作用。屆時，包括世界500強在內的跨國公司以及來自世界近百個國家和地區的投資商、貿易商莅會，從而為參展商提供一個直接見面、洽談投資、配套合作的大超市，所有參展商都有機會將其產品推向世界，成為國際資本的著陸點。

——切磋商交流，取得資訊的重要平台。投洽會期間舉辦的國際投資論壇及相關研討會，將邀請各國政要、經濟學家、實業家、風險投資商到會演講、交流，是參展商們瞭解國際投資政策法規、國際資本流向等資訊最具權威的重要平台。

為增強實效，本屆投洽會繼續採取投資與貿易相結合、展覽展示與項目洽談相結合、項目推介與政策諮詢相結合、政策研討與資訊發布相結合的方式，將展覽、會議、洽談有機地融為一體，充分發揮投洽會特有的功能和特色，最大限度地滿足參展商的多種需求。

第八屆xx投洽會將於xxxx年x月x日至x日在xx國際會議展覽中心舉行，我們誠摯邀請您前來境外館設展。屆時，我們將為您提供全方位的服務。

附《第八屆中國xx投資貿易洽談會境外館參展指南》

中國xx投資貿易洽談會組委會

xxxx年x月x日

第三節 參展申請表和參展確認書

一、參展申請表

（一）參展申請表的含義

參展申請表又稱參展註冊申請表、參展回執、參展報名表等，是參展單位向主辦單位或組委會申請參展並租賃展位的文件。

參展申請表由主辦單位或組委會統一印製，隨同招展公告或參展邀請函一起發布，由申請參展的單位按要求填寫，並在報名截止時間之前提交。

（二）參展申請表的基本內容

（1）參展單位的基本情況。包括名稱、性質、地址和聯繫方式等。

（2）展品的名稱、性質和數量。

（3）擬租展位的規格、數量、展位費。

（4）如需在繳納租金後再確認其參展資格，可要求填寫付款

方式和日期。

（5）提交申請表的方式（郵寄、傳真或線上提交）和截止時間。

（6）備註條款。有的參展申請表還附有參展合約的條款，如付款後參展單位能否撤銷展位，因不可抗力取消展覽會是否退還展位費，展位安排的原則，參展單位的承諾等。這部分內容由主辦單位或組委會事先制定，具有格式條款的性質，對雙方均有約束力。

（三）參展申請表的結構與寫法

（1）標題。寫明展覽會的名稱和文種。文種可寫「參展申請表」、「參展回執」、「參展註冊申請表」、「參展報名表」，但不可寫成「參展註冊表」，因為「參展註冊表」是參展者在展前報到時正式登記的文書，以確認參展單位已經到會。

（2）正文。正文採用表格式或表格加條款式。條款寫作要簡潔明瞭。

（3）落款。由申請單位填寫全稱並蓋章。

（4）填表日期。

【參展申請表參考樣式】

×××××博覽會

參展申請表

單位 全名		楣板中文 名稱	
聯絡人		楣板英文 名稱	
聯絡 地址		郵遞區號	
聯絡 方式	電　話	傳　真	
	網　址	E-mail	
參展 方式	3m×3m標準展位_____個 位置_____樓	展位費：_____元	
	空地_____平方米 位置_____樓	場地費用：_____元	
	會刊版面_____版	認刊費：_____元	
	其他廣告	廣告費：_____元	
費用 總額	（大寫）	付款日期：____月____日	
參展工作 人員數		戶　名：×××××××××× 帳　號：×××××××××× 開戶行：×××ｘ支行	

續表

備　註：

1.本回執的部分內容將用於博覽會會刊、楣板，文字務必準確清晰。

2.本回執請填寫清楚並簽字蓋章後，按本回執聯繫方式確認的位址郵寄至博覽會展務部門，也可以先傳真後郵寄。

3.參展單位承諾，參展單位的展品如涉及智慧財產權侵權問題，經濟責任和法律責任由參展單位自行承擔，因此給本次參展活動的組織單位造成損失的，主辦單位有權提出索賠。

4.收到參展單位的參展申請表後，雙方通過傳真方式進行展位確認。展位安排原則上按申請表及匯款收到的時間先後確定。如因總體佈局的需要，博覽會展務部門有權變更展位。

5.參展單位應在展位確認後七個工作日內付清本表所述的費用，匯至本回執約定的帳戶，逾期視為自動放棄展位。若中途退展，所交費用將不予退還。

6.收到參展單位的匯款後，博覽會展務部門將展位確認書傳真至參展單位。參展單位人員憑展位確認書，於報到時領取參展證及辦理有關手續。

7.如因不可抗力等原因致使本次參展活動推遲或取消，博覽會僅承擔退還已交展位費的義務。

8.參展單位人員在參展活動中如有違反法律和社會公共道德的行為，博覽會有關部門有權加以阻止。情節嚴重的，有關部門有權採取必要的各項措施，由此造成的後果由參展單位自行承擔。

聯繫方式：

地址：×××××××××××　　郵編：××××××

電話：××××××××××　　傳真：××××××××××

E-mail：××××××××××　　網址：××××××××××

聯繫人：×××

公司印章：＿＿＿＿＿＿＿＿＿＿＿　　填寫日期：＿＿＿＿＿＿＿＿＿＿＿

二、參展確認書

（一）參展確認書的含義

參展確認書又稱參展確認函或展位確認書（函），是主辦單位在收到參展申請單位的參展申請表或註冊申請表並經過審查，確認其具備參展資格後，向其發出的同意參展的文件。

（二）參展確認書的內容

參展確認書的內容與參展程序有關。如果參展確認書是主辦方在收到參展申請單位的參展申請表而未收到對方展位費的情況下發出的，除了確認其參展資格和展位外，還要告知對方付費的方法和期限；如果是在同時收到對方的參展申請表和展位費的情況下發出

參展確認書，只需確認對方參展資格和展位即可；如果需要簽訂參展合約或辦理其他手續，應告知具體時間和地點。

（三）參展確認書的結構和寫法

（1）標題。一般要寫明展覽會名稱和「參展確認書」或「展位確認函」。

（2）稱謂。寫確認對象的名稱。

（3）正文。參展確認書的正文一般比較簡略，只要表明同意對方參展的意見即可，也可以告知具體的展位號和進場布展的時間及要求。

（4）落款。寫主辦單位或組委會的名稱並蓋章。

（5）發出日期。

【參展確認書例文】

xxxx展覽會參展確認書

xxxx公司：

貴公司〈xxxx展覽會參展申請表〉以及展位費預付款xxxx元人民幣均已經收到，我們誠懇接受貴公司參展及展位租賃申請，請於2004年3月23～25日9：00-17：00　攜此確認函前來xxxx展覽中心辦理布展手續並布展。

感謝貴公司的大力配合和支持！

xxxx展覽會組委會

2004年3月4日

第四節 參展須知（細則）與報到註冊表

一、參展須知（細則）

（一）參展須知（細則）的含義

參展須知是展覽活動的組織者在招展過程中提醒參展單位在參展過程中必須注意或遵守某些事項的現場管理文案。參展須知由主辦方或承辦方依法制定，其中的條款既可以是約束性的，也可以是告知性、建議性的。參展須知可以獨立成文，作為招展公告或參展邀請函的附件，也可以作為招展公告、參展邀請函、參展說明書的某個章節。如果規定的內容比較具體細緻，也可將文種稱為「參展細則」。參展須知（細則）還可以要求參展單位簽署蓋章，加以確認，成為參展合約的組成部分。

（二）參展須知（細則）的基本內容

獨立成文的、內容較詳細的參展須知（細則）一般應當寫明展會的名稱，組織陣容，舉行的時間和地點，主題和展品範圍，展位的規格和價格，參展的條件，參展報名的程序和方法，布展、展出、撤展的時間安排和有關規定、服務項目等。

（三）參展須知（細則）的結構和寫法

（1）標題。標題由展會名稱和「參展須知」兩部分組成。如果內容較為具體細緻，也可寫成「參展細則」。

（2）正文。參展須知正文一般應當採用章條式結構體例，內容較為簡單的也可用序號標註層次。在內容表述上可根據所配套的

招展公告已經表述的內容來確定重點，比如參展邀請函中已經講明了展會的舉行時間、地點、主辦者等情況，會展須知或會展細則就可簡化和省略，儘量避免重複。反之，如果參展邀請函寫得較為簡單，那麼參展須知或參展細則的內容就應當詳細一些。

（3）落款。正文的右下方應標明制定機構的名稱。

（4）制定日期。制定機構下方應寫明制定的具體日期。

【參展須知（細則）例文】

xxxxx展覽會參展細則

為保證本屆展會圓滿成功，特製定本細則，請各參展單位詳細閱讀並遵守。

（1）參展企業展出的產品範圍必須符合國家相關法律及大會組委會的規定，嚴禁展出與本屆展覽會無關的產品。

（2）參展單位展出其他生產企業的產品，凡涉及商標、專利、版權、質量認證的展品，必須取得合法權利或使用許可證。

（3）參展單位現場展示的展品必須與〈參展申請表〉的展品範圍一致，否則組委會有權取消其參展資格，並不予退還展位費用。

（4）展位僅供本參展單位展示其產品用，不得以任何方式將展位轉讓或轉租（含聯營），否則組委會有權取消其參展資格，並不予退還展位費用。

（5）參展單位在支付全額或50%訂金的展位費用後，組委會予以確認並發放《展位確認書》。

（6）支付30%訂金的參展單位必須在xxxx年x月xx日前全額付

清展位費用，否則組委會有權取消其預定的展位並扣留展位訂金。

（7）參展單位須詳細閱讀本細則，加蓋公章後與〈參展申請表〉一併郵寄或傳真至組委會。

xxxxx展覽會組委會

xxxx年x月x日

參展單位（公章）

日期：　年　月　日

二、報到註冊表

（一）報到註冊表的含義

報到註冊表是指參加會展活動的單位及個人在抵達會展現場辦理登記手續時填寫有關資訊的表格，又稱註冊登記表，是重要的會展現場管理文案。報到註冊表由會務、展務機構統一設計製作，其作用一是掌握實際到會到展的情況，為會後展後進行總結、評估提供數據；二是收集參加單位及人員的相關資訊，便於日後聯繫；三是確認雙方的參會參展協議開始正式履行。

（二）報到註冊表的格式

（1）標題。寫明會展活動的名稱和「報到登記表（簿）」或「註冊登記表」、「報到註冊表」。配套活動較多，代表們分別參加其中某項活動的，或者參加者數量較大，需要分類別報到註冊的，可在標題中寫明類別，如：〈xx博覽會科技圓桌會議代表報到註冊表〉、〈xx博覽會參展單位報到註冊表〉。

（2）正文。正文都採用表格的形式。一般可設姓名、性別、年齡、學歷、專業、職務、職稱、國別（地區）、工作單位名稱、

單位性質、聯繫方式、房間號碼、報到時間、報到編號、隨行人員
等。以上項目可根據實際需要選擇設計製作。

【會議報到註冊表參考格式】

xxxx會議報到註冊表　　（20xx年x月x日）

編號	姓名	性別	年齡	工作單位	職務	職稱	通訊地址	電話	房間號碼

【展覽報到註冊表參考格式】

xxxx國際博覽會國內展商報到註冊表

註冊編號：_____   展位號：_____

單位名稱		展位確認書編號	
地址		郵遞區號	
電話		傳真	
展 台 負 責 人			
姓名		性別		年齡	
職務		學歷		參展證編號	
現住飯店		手機			
展 台 工 作 人 員			
姓名		性別		年齡	
職務		學歷		參展證編號	
現住飯店		手機			
展 台 工 作 人 員			
姓名		性別		年齡	
職務		學歷		參展證編號	
現住飯店		手機			
備　註			

第五章 會展宣傳推介文案

第一節 會展廣告

一、會展廣告的含義和作用

廣告是指透過特定的媒介向公眾介紹商品、勞務和企業資訊的一種宣傳方式，會展廣告則是指圍繞舉辦會展活動而進行的廣告宣傳活動，是會展宣傳的重要方式，也是吸引目標觀眾的主要手段之一。

會展廣告的效果與發布時間有密切關係。在一般情況下，不要將廣告集中在展覽前幾天，而應該在3～4個月前就開始並持續刊登，有利於加深客戶的印象。廣告還可以安排在展覽期間和展覽之後。展後的廣告主要是在客戶中建立持久的印象，促進實際成交。

二、會展廣告媒體的選擇

選擇廣告媒體主要看媒體的對象。如果是消費性質的展出，可以選擇大眾傳媒，包括大眾報刊、電視、電臺以及人流集中地的招貼、旗幟等；如果是專業性質的貿易展出，就要選擇使用針對目標觀眾的專業媒體，如專業報刊、內部刊物、展覽刊物等。

1.大眾媒體

大眾媒體面向大多數人，觸及面大，影響力是其他媒體所不能及的，當然費用也是最高的。幾種大眾媒體情況如表所示：

媒體類型	特　點
電視和電臺	覆蓋面最廣，主體對象是消費者，適用於消費性質的展覽宣傳，但費用高。
網　路	費用相對較低，但覆蓋面廣。弱點一是網路資訊太多，資訊被淹沒的可能性大；二是職位越高的目標觀眾使用電腦的可能性越小，因此最重要的目標觀眾不一定能通過網路得到資訊。
綜合性報刊	費用較高，只適宜有實力的主辦者和參展者。

2.專業刊物

專業刊物是指生產、流通領域的專業報紙雜誌，它是貿易展出者做廣告的主要選擇。專業媒體的特點如表所示：

媒體類型	特　點
專業報刊	瞄準特定的讀者群體，如果與展出者的目標觀眾一致，就可以選擇刊登廣告。其效果較好，費用比大眾媒體低。交叉使用行業內的不同刊物刊登廣告可以加深客戶印象。
內部刊物	即政府有關部門、貿促機構、工商會、行業協會等內部發行的報紙、雜誌。發行對象多是特定的專業讀者。優點是讀者專、收費低、效果好，缺點往往是覆蓋面不夠理想。
展覽會專刊	有些報刊為展覽會編印專刊，可以利用它做新聞宣傳並刊登整版廣告。專刊的讀者對象是對展覽會有興趣的人士，廣告收費一般也低於正常版面。對地方報刊和知名度不高的報刊的展覽會專刊要持慎重態度，而主要報刊的展覽刊可信度則高一些。

3.戶外廣告方式

戶外廣告成本相對較低，效果卻不錯。戶外廣告方式及特點如表所示：

廣告方式	特　點
海　報	海報也稱招貼，比較適合面向大眾的宣傳和消費性展出的宣傳。張貼海報要注意時間、地點以及管理規定和手續。海報多為展覽會組織者或大公司使用，從機場、車站、市中心沿路一直貼到展覽會甚至展台。
看　板	看板分場外看板和場內看板。場外的看板主要用於吸引激發參觀興趣，場內的看板是為了吸引觀眾參觀展台。使用一個大看板往往能吸引觀眾的注意和興趣，使用多個小看板則常常可引導觀眾走向展台。
廣告條幅	展館建築物上花花綠綠的廣告條幅可以製造出熱鬧的氣氛。展台上的廣告條幅或者矗立在展台之上的看板，能吸引觀眾的注意力並引導其走向展台。

4.其他的廣告方式

如報刊廣告的夾頁，其優勢為：夾頁往往比正頁更能吸引觀眾的注意力，且可以刊登豐富的資訊和照片，印刷質量也容易控制，而印刷質量會給人留下印象。夾頁廣告上可以印有參觀邀請函，參觀者可以剪下使用。

此外還有戶外移動橫幅、綵球等。

三、會展廣告文案

（一）廣告文案的含義

廣告文案，是指廣告作品的全部語言文字部分。它的內在構成包括廣告標題、廣告正文、廣告口號（廣告語）、廣告附文和廣告準口號。

廣告文案寫作，是關於廣告作品中的全部語言文字的寫作，不包括作品中除語言文字以外的構成部分，也不包括廣告整體運作中的其他文本，如廣告策劃書、廣告計劃書。

（二）廣告文案寫作的性質

廣告文案寫作是一種命題式寫作、目的性寫作。廣告文案寫作

的過程，是作者在廣告運作目的的制約和支配下，進行廣告作品主題的提煉、材料的選擇、結構的安排、文案部分與美術設計部分的配合的過程，是作者採用不同的語言排列組合、不同的表現方式表達廣告主題，傳達廣告資訊，以達到廣告意圖的過程。

（三）廣告文案的結構

1.廣告標題

標題是整個廣告作品的題目，它在廣告作品的整個版面和構圖中，始終處於最醒目、最有效的位置。

2.廣告正文

廣告正文是指廣告文案中處於主體地位的語言文字部分，它的主要功能是展開或說明廣告主題，將廣告標題中引出的廣告資訊進行較詳細的介紹，對受眾特別是目標消費者展開細部訴求。

3.廣告附文

廣告附文，也稱廣告尾文、廣告隨文。它是在廣告正文之後向受眾傳達會展名稱、會展地址、聯繫方式等一系列的附加性文字。由於它的位置一般總是居於正文之後，所以也稱隨文、尾文。

4.廣告口號

廣告口號，也叫廣告語、廣告主題句、廣告中心詞、廣告中心用語、廣告標語等。它是為了加強受眾對展會的印象，在展會廣告中反覆使用的一兩句簡明扼要的、口號性的、表現商品特性或企業理念的句子。

5.廣告準口號

廣告準口號是廣告口號的補充。由於它常採用簡短的單句、並

列句或並列形容詞來集中展現商品的特點或體現企業的理念，因此也被有些人稱為「廣告小格言」。

（四）廣告文案的寫作要求

1.真實性

具體要求是：

（1）廣告文案傳達的資訊必須來源於客觀的現實基礎。

（2）廣告文案表現的內容要準確。

（3）廣告文案要注意形式虛構和資訊真實之間的辯證關係。

2.原創性

具體要求是：

（1）廣告內容要體現與眾不同的首創性，杜絕毫無創意的平庸選擇和平庸表現。

（2）廣告文案選用的形式結構、語言風格、特殊排列組合方面，要體現與廣告資訊之間的獨特組合和默契，杜絕貌似創意實則沒有任何意義的噱頭和新花樣。

（3）要以與目標受眾之間的溝通、交流為原創目的。

（4）運用漢語言的特點，發展漢語言優勢，在特點和優勢中挖掘出獨特的意義。

3.有效性

具體要求是：

（1）針對不同的媒體特性進行廣告文案創造，從而達到有效

傳播。

（2）對不同受眾的受傳心態進行深刻的研究，撰寫出有針對性的廣告文案，從而達到有效傳播。

4.簡潔性

閱看廣告的人只關心事實，因此廣告用語一定要簡潔明瞭。廣告用語要講究措辭得當，但是切不可過於修飾。

5.明確性

廣告內容要全面而明確，以吸引觀眾的注意力和興趣。因此僅僅刊登公司名稱、聯絡地址、展出目的、展出產品還不夠，必須強調展會的特性，滿足哪些需要，對參展者會帶來哪些益處等，要有承諾。如果可能，要在廣告中提及展出者在當地的代理或代表，並註明有興趣者可以索取更詳細的資訊。

【會展廣告例文1】

9＋1 生活嘉年華

2005 中國·上海

★9＋1 生活嘉年華

★一次空前的生活宴會

★一個展示品牌的大舞台

★眾商家與消費者零距離接觸

★狂歡式娛樂體驗　多重刺激

★選購慾望全面釋放

★引爆跨界購物狂潮

★一個時尚夢想

★穿越九個明星展區

★盡在9＋1生活嘉年華

時間：2005年08月　　地點：上海xx會展中心招展熱線：＋86-xx-xxxxxxxx

＋86-xx-xxxxxxxx

【會展廣告例文2】

上海首屆保險產品博覽會最受歡迎保險產品評選

1.投資理財類（略）

財務穩健　信守一生

2.健康醫療類

友邦守禦神重大疾病保險

人生風雨的保護傘 健康生活的守護神

・周全保障，幸福安康

集重大疾病、滿期金、殘疾保障、身故保障於一體。

・重大疾病，坦然無憂

重大疾病保障範圍涉及27項重大疾病及手術。

・繳費靈活，按需選擇

友邦守禦神重大疾病保險，是您面對重疾、規避風險的明智之選！

3.養老類（略）

24小時免費電話：xxx-xxx-xxxx

地址：中國上海xx路17號xx大廈

郵遞區號：200002

電話：（xxxx）xxxxxxxx

傳真：（xxxx）xxxxxxxx

公司網址：xxxxxx

【會展廣告例文3】

「完美的家」5.1房產博覽會廣告

博覽會時間：

x月x日-x月x日xx體育館

博覽會組織：

・xx市房地產地協會主辦

・xx聯合展貿有限公司承辦

・xxxx報社協辦

・xx市建設委員會、xx市國土資源和房屋管理局、xx市規劃局、xxxx報業集團的大力支持

展出內容：

・ 各類商品樓宇（包括住宅、寫字樓及商業用房等）

・ 二手房（包括換房、轉讓、出租等）

- 房地產中介、代理及物業管理配套設施

- 新型建材、家居設計、建設模型及遊樂設施

「5.1」房博會現場系列活動：

- 舉辦大型諮詢活動

諮詢內容：廣州市未來的城市規劃、房地產交易、產權登記、測繪、房改房上市、土地管理、物業管理、房地產政策、法律、法規等。

- 舉辦「完美的家」幸運大抽獎活動

天天抽獎：一等獎1名；二等獎2名；三等獎3名；四等獎10名

四、廣告計劃書

（一）廣告計劃的含義和種類

廣告計劃是指對整個廣告活動所作的規劃和安排，包括廣告目標的制定以及為實現廣告目標而採取的方法和步驟。按時間來分，廣告計劃可分為長期、中期及短期計劃。按廣告的媒體來分，廣告計劃可分為媒體組合計劃和單一媒體計劃。按內容來分，廣告計劃可分為廣告的調查、廣告任務、廣告策略、廣告工作活動計劃等。

（二）廣告計劃書的結構

（1）標題。寫明計劃的主題和文種。

（2）前言。詳細說明本計劃的任務和目標，並闡述廣告的主要營銷戰略。

（3）主體。這部分中要寫明市場分析（包括企業經營分析、產品分析、市場分析和消費者分析）、廣告戰略、廣告對象、廣告

地區、廣告策略（說明廣告實施的具體細節，媒體選擇）、廣告預算及分配、廣告效果預測等。

（4）提交機構。

（5）提交日期。

【廣告計劃書例文】

xx房產公司廣告計劃書

前言

（略）

一、廣告週期安排

（一）籌備期

1.執行時間

5月8日～7月8日。

2.主要任務

完成公開銷售以前的各項工作事項。

3.廣告重點

試探性的廣而告之，以檢驗市場反應，確認商品賣點，尋求以最佳方式表現產品的特質。

4.公開傳播

召開記者招待會，發布新聞消息稿，引起社會大眾的興趣。

5.廣告媒體

（1）相關報刊：主打報紙有《新民晚報》、《解放日報》。

輔助報刊有《新聞報》、《勞動報》、《上海證券報》、《東方航空》、《買賣世界》。

（2）相關電臺、電視臺：上海人民廣播電臺或東方廣播電臺、上海電視臺專業性欄目《房屋買賣》。

（3）印刷媒體：樓盤名稱LOGO設計確認；名片、制服等CI系統的設計製作；銷售海報的設計製作；說明書的設計製作。

（4）戶外媒體：招待中心的設計發包的製作；現場圍牆、旗子、看板的設計製作；交通要道的看板、來訪路徑的指示牌的選址、設計和製作；公車箱體廣告（所有戶外媒體的建成都是為了引起路人的注意，以招徠區域客戶）。

6.促銷活動

不同情況下的各種促銷方案的擬訂；各種促銷活動的可行性研究和細緻安排。

7.業務配合

以戶外媒體為主，間有零星的人員推廣和新聞告訴。

（二）公開期

1.執行時間

7月8日～8月30日。

2.主要任務

商品資訊廣泛推廣。

3.廣告重點

此階段採用拉式策略，運用廣告媒體的宣傳，喚起目標客戶的

注意。廣告口號：

- 21世紀高品質居住社區

- 買××花園，做柔情愛侶

- 放風箏，不用到人民廣場

4.廣告媒體

（1）報紙廣告NO.1～6（新聞報導和報紙廣告同時展開，注意評估最有效的報紙媒體）。電臺廣告外圍配合。

（2）印刷媒體：所有印刷品製作完工，各自擔當銷售角色（說明書、海報等扮演著購房者由接待中心回家之後的商品媒介）。

（3）戶外媒體：視具體情況及時添加戶外引導旗等銷售道具。配合促銷活動製作相關銷售工具。

5.促銷活動

（1）21世紀「×生活」居住環境產品說明會。

（2）「××××」柔情愛侶大獎賽。

6.業務配合

在適量的平面媒體並配合SP促銷活動之下，人員銷售全面展開（現場促銷、人員拜訪、電話追蹤、直接郵遞等）。

（三）強銷期

1.執行時間

1998年9月8日～1999年1月8日。

2.主要任務

正式公開強銷，塑造商品整體氣勢。

3.廣告重點

立體廣告攻勢，促使成交，擴大業績。廣告口號：

・21世紀高品質現代居住社區

・ 住戶王媽媽告訴您：××房好，服務更好

・3000元/平方公尺，也可以不是動遷房

・ 住現代化社區，做股海豪傑

4.公共傳播

（1）報紙廣告NO.7～22。

（2）電臺電視廣告播出密度達到峰值（評判媒體發布效果，及時調整運作）。

（3）印刷媒體：印刷品廣泛傳播；第二波郵遞或派發的小海報設計製作完成；印刷媒體的修改補充，追加印刷。

（4）戶外媒體：配合促銷活動，製作各種銷售道具；戶外媒體視廣告主題修正及時更正。

5.促銷活動

喜劇明星與××住戶聯歡晚會；21世紀「×生活」居住環境產品說明會（配合整體廣告計劃，再度刺激銷售高潮）。

6.業務配合

立體廣告攻勢下的人員推廣和促銷活動（現場促銷、人員拜

訪、電話追蹤、直接郵遞、銷售彩報）。

（四）持續期

1.執行時間

1999年1月8日～2月8日。

2.主要任務

針對剩餘商品特色加以推廣。

3.廣告重點

分析前期廣告賣點的把握，擇優再行強打。廣告口號：

・ 有xx戶人家和您有同樣的選擇

・ 公積金貸款加銀行貸款，幫你夢想成真

4.公共傳播

（1）報紙廣告NO.22～24（報紙媒體逐漸收斂，視實際狀況彈性動作）。

（2）印刷媒體：設計製作贈與已購買房屋客的賀卡、慰問信等。

（3）業務配合：適量的平面媒體和有針對性的人員推廣（現場促銷、人員拜訪、電話追蹤、贈品或摸彩等）。

二、報刊廣告計劃

（一）媒體選擇

1.主打報紙

（1）《新民晚報》（為上海報刊發行量之最，觸及面廣，客

戶層全）。

（2）《解放日報》（為上海主要日報，風格穩健）。

2.輔助報刊

（1）《新聞報》（新興商業性報刊）。

（2）《勞動報》（中低收入工薪階層的報刊）。

（3）《上海證券報》（大眾投資人士報刊）。

本樓盤為3000元/平方公尺左右的中低價位房屋，媒體選擇原則上以大眾、非專業性的報刊為主。

（二）時段安排（籌備期、公開期）

（略）

三、主要訴求點

•21世紀最高品質現代居住社區

xx花園概括性標題，以具體的設施配置來取信於大眾。

• 放風箏，不用到人民廣場

從社區沒有一根架空線，可以盡情放飛風箏，來引導客戶對現代居住社區的理解。

• 買xx花園，做柔情愛侶

配合「xxxx」促銷活動的廣告主題，吸引我們的主力客源之一——準新婚夫婦。

•3000元/平方公尺，也可以不是動遷房

發揮本樓盤平易近人的袋子價格優勢，在重塑觀念的同時，詳

細介紹小區的各項超前配置。

- 住現代化社區，做股海豪傑

強調社區中獨一無二的電腦網線，從炒股、遊戲、上網等大話題角度吸引客戶。

- 住戶王媽媽告訴您：xx房好，服務更好

從一期、二期住家的反映來告訴客戶，我們的承諾看得見、摸得著。

廣告訴求原則上以產品特色為基礎，結合施工進度、時事話題、促銷活動等相應變動修正，以更生動、更時尚的話題吸引客戶，促進購買。

第二節　會展新聞稿

一、會展的新聞工作

會展活動大多有負責新聞工作的機構和新聞人士的工作場所，以提供會展所需的新聞服務。

會展新聞機構通常會組織一系列的新聞工作和活動，主要有發布新聞稿、提供新聞資料袋、舉行記者招待會和產品報告會等。

二、新聞稿的含義和種類

會展新聞又稱會展消息，是用簡潔明快的文字迅速及時反映最近發生的會展事件的一種新聞文體。新聞稿也可以由會展組織者提供給媒體。如果組織者預算有限，新聞稿將是最有效的宣傳方式。需要注意的是，新聞稿內容必須是新聞媒介感興趣的、有報導價值

的，否則，新聞媒體不可能使用。另外新聞稿的最終讀者是目標觀眾，因此要瞭解目標觀眾的興趣，根據目標觀眾的興趣相應安排內容。新聞稿的數量可以根據展出者的規模以及需要決定，規模較大的會展活動可以多編印一些新聞稿。

會展新聞稿的種類主要有綜合新聞稿、動態新聞稿、新產品新聞稿、新展出者新聞稿、經驗新聞稿等。

三、新聞稿寫作格式與方法

1.標題

（1）多行標題。由引題、正題和副題組成。其特點是容量大，表現力強。一般用於重大會展活動的消息報導。

（2）雙行標題。由引題和正題或正題和副題組成。兩個標題一實一虛，其中實標題概括消息的主題，虛標題闡明消息的意義或補充說明消息的結果。

（3）單行標題。以一行簡潔明瞭的文字反映消息的主旨。

2.導語

導語是消息開頭的第一段文字或是開頭的第一句話，用以概括消息中主要的事實或揭示主題，具有吸引讀者、引導閱讀的作用。導語寫作要求簡短生動，內容新鮮、準確。

3.主體

主體是消息的主幹。主體承接導語，是對導語所概括的內容展開具體闡述，進一步表現和深化消息的主題。

4.背景

所謂背景是指消息所報導事件的歷史和環境條件。背景可以幫助讀者瞭解事件發生的來龍去脈、前因後果，有助於烘托和深化主題。背景可以獨立構成一個自然段落，也可以穿插在導語、主體或結尾中，運用自由、靈活。但是必須為表現主題服務，做到簡潔明瞭、述之有味，與主要事實水乳交融，相得益彰，切不可喧賓奪主，掩蓋或沖淡消息中的主要事實。

5.結尾

即收束消息的結語。消息寫作是否需要結尾，如何結尾，要依據內容而定，可有可無。如主體部分已經將主要事實交代清楚了，就不必畫蛇添足。但好的結尾，能深化主題，加深讀者對全文的理解，增強消息的可讀性和感染力。

【新聞稿例文1】

ChinaJoy在京舉行

本報訊　　首屆中國國際數位互動娛樂產品及技術應用展覽會（簡稱ChinaJoy），於1月16日至18日在北京展覽館隆重舉行。

ChinaJoy是國內目前最具權威性、內容最為豐富的一次遊戲盛會，有來自歐美、日韓、中國以及東南亞各國家和地區的數位互動娛樂業的106個遊戲廠商參展，展示了國際最前列的數位互動娛樂產品和技術。展會期間，還舉行了中國國際數位互動娛樂產業高峰論壇，中國首屆電子運動會全國總決賽，以及ChinaJoy遊戲角色扮演嘉年華等活動。

ChinaJoy是由中華人民共和國xx總署、中國xx委員會和中華人民共和國xx局共同主辦，中國xx協會遊戲工作委員會和北京xx國際展覽公司承辦。

【新聞稿例文2】

2003年上海圖書交易會閉幕訂貨總碼洋創新高

2003年上海圖書交易會昨天落下帷幕。本屆交易會的參展規模、訂貨碼洋、入場人次等各項指標都大幅度刷新了歷屆上海圖書交易活動記錄，為「後非典」時期正在迅速復原的國內圖書市場留下了一段佳話。

據統計，在為期4天的交易會期間，國內各省市均派出了出版社參展，總數達364家，是上屆交易會的3倍；共有2500多名來自各地出版發行單位的正式代表參加交易，還有至少7000人以上的各地業內人士和民營書店代表自發組織前來觀摩和訂貨，入場人次達到創記錄的4萬多人次。

據組委會對參展出版社的不完全統計，本屆交易會訂貨總碼洋達7.5億元，是上屆2億元交易總額的3.75倍，其中上海出版社訂貨額為2億元，比上屆劇增8000萬元；外地出版社訂貨碼洋為5.5億元，接近上屆8000萬元交易額的7倍。上述數字表明，以凸顯「開放性、服務性」為主題的上海圖書交易會已經成為國內出版物交流的重要平台之一，其對國內圖書市場的影響力、輻射力正在急劇增強。

【新聞稿例文3】

2004年北京××國際博覽會招商招展

2004北京××國際博覽會定於1994年6月9至14日在北京××貿易中心舉行，招商招展工作正全面鋪開。

2004北京××國際博覽會將以自行車、縫紉機、日用小五金、搪瓷製品、玻璃製品、塑膠製文教用品、體育用品、各種工藝品、建

築材料等大類商品為主。展覽攤位從首屆的300個增加到500個，招展重點放在國外，博覽會議擬設100個外國攤位。

第三節　招展宣傳與展覽手冊

一、招展宣傳

招展宣傳是指將招展資訊傳達給現有或潛在參展者的工作，其目的是讓目標參展者或潛在參展者知道展出項目，激發他們的參展興趣或願望。

招展宣傳工作的第一步是決定招展對象，也就是決定招什麼樣的參展者和招多少參展者。

招展宣傳工作的第二步是準備宣傳的內容與資料，包括招展公告、參展邀請函、展覽手冊、參展協議或合約文本、有關集體展出的優勢與利益說明書等資料。

招展宣傳方式包括發布公告、新聞報導、直接寄發、廣告和會議等。其具體情況及各自優勢見下表：

招展宣傳方式及其各自優勢

方式名稱	具體實施方式
發布公告	透過媒體或內部刊物發佈招展公告，使潛在參展者知曉展會資訊。
新聞報導	透過地方大眾媒體以及專業性報刊登載消息，可以反覆登載也可以分段連續登載。
郵寄資料	向潛在的參展商發出邀請函，郵寄參展說明書等。
刊發廣告	透過有影響的專業報刊刊登廣告，加深印象，並使展覽資訊傳遞到組織者不知的潛在參展商。
新聞發布會	邀請有關媒體、行業協會等舉行發布會，介紹展覽會情況，也可以與內部通告和新聞報導結合起來做。

二、展覽手冊

（一）展覽手冊的含義

展覽手冊是彙集展覽會的基本資訊、服務項目以及參展注意事項的文件，又稱「參展商手冊」、「展覽服務手冊」、「參展指南」、「參展說明書」等。展覽手冊內容詳盡，既是對參展商做好參展準備的指導，又是辦展機構對參展商的服務承諾，一旦簽訂參展合約，對雙方都具有約束力。

（二）展覽手冊的主要內容

展覽手冊應當涵蓋招展公告或參展邀請函的全部內容：展會的名稱、歷史和當前背景；展會的目的、宗旨、主題和活動安排；主辦、協辦、承辦、支援單位及組委會的陣容；展會的時間、展期和地點；展覽面積和展位數量；展品範圍和展區設置；展位規格和價格；參展的資格、條件、程序和報名辦法；展會日程安排；展會服務項目；參展須知（規則）；聯繫方法。同時在以下方面的內容表述上要更加詳細和具體：

1.展覽會的時間和地點

時間上要寫明布展時間、開幕式舉行時間、對專業觀眾和普通大眾開放的時間、撤展時間、布展撤展加班時間、參展工作人員作息時間等，儘量精確到小時。

地點上要求寫明具體的城市、地址和展館名稱以及交通線路等。

2.組織者陣容

具體寫明主辦（聯合主辦）、協辦、支持、贊助、承辦單位的

名稱，組委會的組成人員名單（包括名譽主任、主任、顧問、副主任、委員的姓名和現任職務），執行委員會組成人員名單，秘書長和副秘書長名單，組委會下設的機構及其分工。

3.展覽場地基本情況

包括展館及展區平面圖、至展館的交通圖、展覽場地的基本技術數據等。繪製展館及展區平面圖時，要注意標明展館各種服務設施所在的位置、展區和展位劃分的詳細情況、展館內部通道和出入口等；在繪製至展館的交通圖時，要注意標明展館在該城市的具體位置、到展館可以利用的各種主要交通工具和交通路線、各指定接待酒店在該城市的具體位置等；對於該展覽場地的基本技術數據，要清楚準確地列出地面承重、館內通風條件、貨運電梯容積容量、展館室內空間高度、展館入口高度和寬度、展館的水電供應狀況等。

4.參展規則

具體包括報到登記註冊的注意事項，有關證件辦理、使用和管理的規定，展館現場交通和保安的規定，展位清潔的規定，展品儲藏和保險的規定，安全使用水、電、氣的規定，現場展品銷售的規定，知識產權保護規定，現場展品演示的規定以及參展工作人員就餐規定等。

5.展位搭建指南

包括標準展位配置說明、特裝展位和光地展位搭建要求等。由於標準展位的面積、基本結構和配置都是一樣的，所以對標準展位來說，主要是對展位的標準配置作出說明，列明參展商使用標準展位的注意事項。此外還要說明如果參展商需要增加其他非標準配置

時，應當如何處理。

特裝展位和光地展位都是非標準展位，面積、結構和配置與標準展位不同。參展說明書要對參展商搭建特裝展位和光地展位作出一系列專門的規定，如使用材料、動火作業、消防安全和鋪設電線的規定等。

6.展品運輸指南

是對參展商將展品等物品運到展覽現場所作的一些指引和說明，主要包括海外運輸指南和國內運輸指南等。不管是海外還是國內運輸指南，都要對展品的運輸方式和運輸路線、各種貨品的交運和文件提交的期限、貨運文件的準備和交付、收費標準、包裝、海關報關、回程運輸、可供選擇的自選服務等作出具體說明。展品運輸指南對幫助參展商及時安排展品等物品的運輸有較大的作用。

7.其他服務指南

如旅遊服務指南，要詳細地列出各指定接待酒店的檔次、協議優惠價格、地址、聯繫電話和傳真以及聯繫人、與展館的距離等，要列出海外觀眾和參展商入境的簽證辦法、會展期間及前後可供選擇的商務考察和觀光休閒旅遊的線路等。又如廣告服務指南，寫明會展期間可提供的各種形式和載體的廣告服務項目的名稱、收費標準等。

（三）展覽手冊的結構與寫法

1.封面

封面要精心設計，突出視覺效果，其中文字項目主要是標題，寫明展覽會名稱和「參展說明書」或「展覽手冊」。

2.前言或歡迎詞

前言主要說明編制說明書的目的，對參展商參加本次展覽表示歡迎，提醒參展商在申請參展、籌展、布展、展覽和撤展等環節要自覺遵守說明書的相關規定等。前言部分寫作一般都很簡短，言簡意賅。前言也可用歡迎詞替代。歡迎詞應當由組委會主任親筆簽字（影印）。

3.正文

逐項寫明展覽手冊的全部內容。正文的版式設計應當新穎活潑，結構體例也較為靈活，既可採取章條法或序號法的結構形式，也可不標註任何序號，而透過大小標題、字體字號的變化表示層次。

4.相關表格和圖片

參展說明書的製作應當圖文並茂。表格和圖片有兩類，一類是輔助說明性的表格，插在正文的相關內容中，另一類是實用性表格，如展覽服務申請表、聘請臨時服務人員申請表、額外工作證和邀請卡申請表、研討會和技術交流會申請表、刊登會刊廣告申請表等。

（四）展覽手冊的製作要求

1.實用

展覽手冊的製作目的是為了指導參展商進行籌展、布展、展覽、撤展，以及更好地利用展覽會提供的各項服務，同時也便於辦展機構搞好展會的管理和服務，因此，展覽手冊的內容必須具有鮮明的針對性和實用性。

2.明白

展覽手冊的內容必須詳盡細緻，但對各方面內容的說明和敘述應該簡潔、明白、準確，儘量使用行業熟悉的語言，所涉及的術語要規範，讓人一看就懂。

3.美觀

展覽手冊的排版、印刷、用紙都要講究美觀，以展示展會的實力和品牌。

【展覽手冊文字部分例文】

xxxxxxx展覽會參展說明書

第一章 展覽概況

一、展覽名稱

xxxx產品展

二、展覽地點

xxxx展覽中心。地址：xxxxxxxx

三、展覽時間

2004年10月19～21日

	17日	18日	19日	20日	21日
布展	8：30－17：30	8：30－19：30			
展覽			9：00－17：00	9：00－17：00	9：00－15：00
撤展					15：00－撤展結束

四、主辦單位

xxxxxx，xxxxx，xxxxxx

五、合辦單位

××××××××

六、支援單位

××××××××××

七、承辦單位

×××××××× ，××××××××

八、主搭建單位

××××××××××

九、主運輸單位

××××××××××

第二章 參展單位須知

一、登記與報到

（一）登記和胸卡

本屆展會將為每位參展人員製作、寄發印有單位名稱、姓名和職務的胸卡。胸卡在布展、展覽、撤展期間通用。無胸卡者不能進入展館。為了及時獲得胸卡，各參展單位須提前登記，填寫本說明書〈參展人員登記表〉，並於9月1日前傳真至展覽辦公室（傳真：××××××× ）。

展覽辦公室將給予登記的參展人員寄發胸卡。胸卡數量限定如下：3m×3m標準展位每個展位3個，光地特裝展位每9平方公尺2個。請各參展單位按限定數量申請登記。超過規定數量，每個須交納工本費10元。

參展單位邀請海外買家參觀的，如需展覽辦公室出具〈海外買家簽證邀請函〉，請填寫本說明書〈海外買家簽證邀請函申請表〉，展覽辦公室將為其出具邀請函。

（二）報到及會刊領取

1.報到時間

光地特裝參展單位：10月17～18日

標準展位參展單位：10月18日

2.報到地點

xxxx展覽中心

3.報到辦法

參展單位持展覽辦公室寄發的〈報到通知書〉和參展人員胸卡報到。報到時請領取並核對以下資料：布展通知、撤展通知、會刊、參展人員胸卡卡套等。

4.會刊領取

每個標準展位可領取會刊1本；光地按面積折算，每9平方公尺可領取會刊1本。

二、搭建布展與撤展

（一）標準展位的布展

1.國際標準展位配置（略）

2.3m×4m展位配置（略）

3.標準展位布展規定

（1）參展單位需要其他配置，請向主搭建單位租賃。

（2）禁止對標準展位進行任何改建，參展單位可利用的空間只是3m×3m×2.48m的展位內側，任何展具和結構（包括公司標誌）不准超過2.48公尺。圍板及楣板上方、外側禁止張貼、懸掛任何物品，禁止在通道上擺攤，如有違反，將沒收展品並不退還展位費。

（3）未經展館或主搭建單位同意，不得在建築物或展架的任何部分使用釘子、膠、圖釘或類似材料，否則一切損失由參展單位承擔。

（4）標準展位配置中未使用物品將不予退款。

（二）光地特裝展位的搭建與布展

1.搭建單位備案及圖紙審查（略）

2.搭建單位進場（略）

3.光地特裝展位搭建規定（略）

（三）現場管理有關規定

1.基本管理規定

（1）參展單位須遵守中華人民共和國法律及公安、海關、商檢等有關部門的政策法規。遵守展覽辦公室和展館的有關規定（包括本說明書之所有內容）。

（2）本展會屬國際性專業展覽，只準展示和交流洽談，不允許零售；不許展示與參展範圍無關的產品。有上述情況之一者，主辦單位有權沒收展品並不予退回展位費。

（3）參展單位須攜帶營業執照副本備查（無企業法人執照或

營業執照的單位不具備參展資格）。

（4）展覽期間不得轉讓、拼接展位，一經發現，展覽辦公室有權收回展位，並對展位申請單位予以處罰。轉讓或拼接展位的全部責任由該展位原申請單位承擔。

（5）除展覽辦公室認可的採訪人員外，對展位、展品進行攝影、錄像均應事先徵得該參展單位的同意。展覽辦公室認可的採訪人員將佩戴由展覽辦公室發放的採訪證。

（6）需24小時供電的電器須事先向主搭建單位申請，需要延時斷電、斷水、斷壓縮氣、斷電話者須事先向主搭建單位提出申請。

2.空箱管理（略）

3.音量與演出管理（略）

4.用餐及花草管理（略）

（四）主搭建單位及電源、水源、氣源、家具、電器租賃服務（略）

（五）撤展（略）

（六）展品、宣傳品管理規定（略）

（七）清潔衛生管理（略）

（八）消防安全管理（略）

（九）其他（略）

第三章 運輸管理辦法

一、車輛管理（略）

二、主運輸單位及服務（略）

第四章 賓館接待與展館交通指南

一、賓館接待方案

為了方便參展單位，提高參展效率，完善展覽會服務內容，主辦單位將提供賓館接待服務。參展單位以對比和自願為原則選擇或不選擇此項服務。需要賓館接待服務的參展單位可填寫〈參展單位訂房單〉。

二、展館交通指南（略）

第五章 展覽宣傳及廣告服務

一、會刊

（一）會刊介紹（略）

（二）會刊名錄（略）

（三）會刊廣告（略）

二、新品申報與評審

為了促進行業新產品的開發與宣傳，本屆展覽將舉辦「五金新品」和「廚衛創新設計大獎」的申報與評審，凡是符合「新思路、新設計、新款式、新材料」之任一條件的，可填寫〈新品申報表〉，於9月15日前傳真至展覽辦公室。

組委會將組織專家組成評審組，進行預審和現場評審，總結評出「xxxx創新設計大獎」，並開展適當的宣傳推薦活動。

三、手提袋廣告（略）

四、現場廣告（略）

五、現場觸摸屏廣告（略）

六、網站資訊服務（略）

七、技術講座、研討會、發布會（略）

八、媒體宣傳（略）

第六章 服務人員通訊錄

（略）

第四節 觀展宣傳與觀展邀請函

一、觀展宣傳

觀展宣傳是指將展覽資訊傳達給現有觀眾和潛在觀眾的過程，其目的是將展出情況告知現有的和潛在的觀眾，激發他們的觀展熱情。

觀展宣傳的方式包括人員推廣、發布廣告和寄發觀展邀請函。

二、觀展邀請函

1.觀展邀請函的含義

觀展邀請函是一種以個別發送的方式邀請特定的法人、其他組織或個人觀展、參談的文案，是觀展宣傳的主要方式。

2.觀展邀請函的內容

觀展邀請函一般應介紹展會的名稱、歷史、目的、宗旨、主題、活動安排、組織陣容、時間、地點、規模等基本資訊。此外還要說明本次展會是僅接待團體觀眾還是團體和個人都接待，展會的

門票價格，展覽期間的住宿、餐飲、觀光、考察等服務項目，觀展報名的方式和截止日期，以及組織者認為必須說明的其他事項。以上內容可根據展會的實際情況確定詳略。

3.觀展邀請函的結構和寫法

（1）標題。由展覽會名稱和「觀展邀請函」組成。

（2）稱謂。寫明邀請對象的單位名稱或個人姓名，姓名前冠以敬詞。

（3）正文。正文有兩種寫法，一種是先寫一段文字簡要介紹展覽會的基本情況，然後用「現將有關事項告知如下」引出主體部分。主體部分一般採用分項標號或加小標題的形式。另一種是不分項標號，全篇運用自然段落展開說明。正文的語言要明確，語氣要懇切。

（4）落款。寫主辦單位或組委會的名稱。

（5）發文日期。

【觀展邀請函例文】

第x屆xxxx展覽會觀展邀請函

xxx公司：

由xx支持，xxxx舉辦的2004年《第x屆xxxx展覽會》將於今年5月11日～5月14日在xx市舉行。

xxxx展覽會創始於xxxx年，每兩年舉辦一次。2002年第14屆展會在xx市舉辦，展出面積達xxxxx平方公尺，共有xx個國家xxx家企業參加了展會，合約成交額xxxx萬美元，意向成交額xxxx萬美元，共吸引xxxx名國內外買家與會，展會取得了圓滿成功。

為增進國際xx業市場資訊的溝通，促進國際xx技術與經貿的交流與合作，特邀請貴公司參觀此次展覽會。如有意參加此次活動，請在規定的時間內與我處聯繫，取得相關材料，我們將竭力為貴公司做好服務工作。報名截止時間為2004年4月20日。

聯繫方式：

地　址：中國上海市xx路xx號

郵遞區號：xxxxxx

聯繫人：（略）

電　話：（略）

E-mail：（略）

第x屆xxxx展覽會組委會

2004年2月10日

第五節 展台宣傳資料

一、展台宣傳資料含義和作用

展台宣傳資料是參展商向觀眾宣傳介紹展品以及公司形象的資料，包括公司介紹、產品目錄、產品說明、服務說明、展台介紹、價格單、展台人員名片等。展台資料，管理、使用得當，可以有效地發揮宣傳、推銷作用。

二、展台宣傳資料的散發

宣傳資料要有針對性地散發。資料可以分為兩類：一類是可能

散發給每一個參觀者的簡單的、成本低的資料，包括單頁和折頁資料；另一類是提供給專業參觀者的成套的、成本高的資料，一般不宜當場提供，最好是展覽會後郵寄給客戶。

三、展台宣傳資料的格式與製作

展台宣傳資料有單頁、折頁和手冊等形式。展台宣傳手冊可以綜合宣傳介紹公司的所有產品，也可以是某項產品的專題介紹。在格式上，宣傳手冊一般包括封面、封二、內頁、封三和封底，要求文字簡明，圖文並茂，印製精美，視覺效果良好。

【展台宣傳手冊參考格式1】

××櫥櫃宣傳手冊（一）

封面：（文字）××××（品牌名稱）

歐洲品牌中國價

（圖片）（略）

（文字）征服2004

內頁：系列產品介紹，由圖片與文字組合（略）。

企業簡介（略）。

封底：（文字）歐洲品牌中國價

（圖標）（略）

700家專營商場服務中國

全國展示中心諮詢熱線：××××××××××

查詢各地經銷商請登錄：××××××××××

xx櫥櫃企業有限公司

xx市xx區xx鎮xx路x號

電話：（xxx）xxxxxxxx

傳真：（xxx）xxxxxxxx

郵遞區號：xxxxxx

【展台宣傳手冊參考格式2】

xx櫥櫃宣傳手冊（二）

封面：（文字）xxxx櫥櫃

（圖片）（略）

（文字）櫥櫃學費指南

質量 價格 服務 品牌

封二：（部分文字）

您也能成為行家

在「整體廚房」概念滿天飛、各種炒作越來越時髦的現代社會裡，身為消費者的您，是否擁有一個清醒的頭腦、一雙明亮的眼睛？

其實，對於任何品牌而言，判斷其優劣的最有效手段就是剝開其「概念」炒作的外衣，靠您的智慧、知識和理性去評判產品的質量價格比。在購買決策之前，請稍安勿躁，營造自己的理想廚房，值得您花上一點心思。

當您仔細閱讀完本冊內容，您將為自己的聰明決定而自豪，並

成為一個廚櫃選擇的行家。

首頁：（部分文字）

目 錄

櫥櫃知識ABC

櫥櫃選購技巧

××產品介紹

訂購櫥櫃常見問題

櫥櫃市場常見的消費陷阱

櫥櫃使用注意事項

結束語

內頁：（略）

封三：（文字）

結束語：

恭喜您！讀完了這冊小冊子，您已經成為至少「半個」廚房行家！

從現在開始，您可以胸有成竹地籌劃您的廚房、選購您的廚櫃啦。同時，歡迎您現場參觀當地的歐派專營商場，店內的專業人員會為您一一解惑答疑，提供更為詳盡的免費諮詢和資料。相信憑著您的智慧和已經掌握的廚櫃知識，一定能慧眼識珠，選擇到一款讓全家人都滿意的理想櫥櫃，把您的廚房真正營造成一處賞心悅目、舒適溫馨的家中之心！

封底：（文字）

xxxx（產品名稱）

xx櫥櫃企業有限公司

公司總部地址：xx市xx區xx鎮xx路x號

電話：（xxx）xxxxxxx

傳真：（xxx）xxxxxxx

Http：//xxxxxxxxxx

E-mail：xxxxxxxxxxx

第六章 會展社交禮儀文案

第一節 邀請函和請柬

一、邀請函

（一）邀請函的含義

在會展文案中，邀請函有兩種性質，一種是商務性的，如招展邀請函、招商邀請函、招標邀請書、參展邀請函等，具有發出邀請的性質；另一種是專門用於邀請有關單位或人士參加會議，發表演講、參觀訪問、洽談交流，具有禮儀和告知的雙重作用。本章介紹的邀請函屬於後一種。在涉外交往中，邀請函是辦理護照和簽證手續的有效憑證。

邀請函用於會議活動時，與會議通知的不同之處在於：邀請函主要用於橫向性的會議活動，發送對象是不受本機關職權所制約的單位和個人，也不屬於本組織的成員，一般不具有法定的與會權利或義務，是否參加會議由對象自行決定。舉行學術研討會、諮詢論證會、技術鑒定會、貿易洽談會、產品發布會等，以發邀請函為宜。而會議通知則用於具有縱向關係（即主辦方與參會者存在隸屬關係或工作上的管理關係）性質的會議，或者與會者本身具有參會的法定權利和義務的會議，如人民代表大會、董事會議等。對於這些會議的對象來說，參加會議是一種責任，因此只能發會議通知，不能用邀請函。

（二）邀請函的格式與寫法

1.信頭

用醒目的字體在信籤上方居中標註主辦者或會展活動組織機構的全稱，下距4毫米處印一條上粗下細的武文線。網上公開發布的純文本邀請函也可省去信頭。

2.標題

邀請函的標題有兩種寫法：一種由會議或活動名稱和「邀請函」組成，一般可不寫主辦機關名稱和「關於舉辦」的字樣，如：《亞太城市資訊化高級論壇邀請函》。「邀請函」三字是完整的文種名稱，與公文中的「函」是兩種不同的文種，因此不宜拆開寫成「關於邀請出席××會議的函」。另一種標題僅寫「邀請函」，大多用於邀請合作單位來訪或邀請專家講學、報告等。

3.稱謂

稱謂位於標題之下，頂格書寫，後加冒號。邀請函的發送對象有三類情況：（1）發送到單位的邀請函，應當寫單位名稱。由於邀請函是一種禮儀性文書，稱謂中要用單稱的寫法，不宜用泛稱（統稱），以示禮貌和尊重。

（2）邀請函直接發給個人的，應當寫個人姓名，前冠「尊敬的」敬語詞，後綴「先生」、「女士」、「同志」等。

（3）網上或報刊上公開發布的邀請函，由於對象不確定，可省略稱謂，或以「敬啟者」統稱。

4.正文

會議或者活動邀請函的正文應寫明會議或者活動的名稱、主辦單位、目的、內容、出席範圍、日程安排、地點、經費、聯繫方式

等；來訪邀請函的正文應當寫明邀請的緣由、邀請的範圍、訪問的主要內容、大致的日程安排、經費等；講學邀請函的正文應當寫明講學或報告的題目、次數、時間和地點、聽講的對象和人數、報酬及支付方式等。

邀請函的語氣要委婉、懇切、得體。

5.祝頌語

寫給個人的邀請函，正文下方空2字格寫「此致」或「祝」、「順頌」等字樣，另起一行頂格寫「敬禮」或「教安」、「健康」等字樣。祝頌語有時也可省去不寫。

6.落款

由於會議邀請函的標題一般不標註主辦單位名稱，因此落款處應當署主辦單位名稱並蓋章。其他寫給個人的邀請函，應當由出面邀請的領導親自署名。領導人姓名前應寫明身分。

7.日期

用漢字或阿拉伯數字寫明成文或實際發出的年、月、日。

8.文武線

在信籤底部距下頁邊20毫米處印一條上細下粗的文武線。

【會議邀請函例文】

xx市社會科學院

「知識經濟與可持續發展戰略」學術研討會邀請函

xxx先生：

以知識資本和知識產品的高增值為標誌的知識經濟的興起，使

知識成為最具擴展能力的資本和最具市場潛力的產品。為了探討知識經濟與可持續發展戰略，我所定於2001年2月6日至10日在海南海口市召開「知識經濟與可持續發展學術研討會」，特邀請您出席。現將有關事項告知如下：

一、會議主題

知識經濟與可持續發展

二、主要議題

（1）知識經濟與人才發展戰略

（2）知識經濟與中國現代化進程的互動關係

（3）中國的科技、教育和經濟如何應對知識經濟的挑戰

三、會議日期

會期5天（含報到時間1天），2月6日報到，2月7日上午開幕。

四、報到地點

海南海口市xx路xx號xx賓館（電話：xxxxxxx）。

五、有關事項

（1）與會者須提交論文，在2000年12月20日前郵寄或傳真給會議秘書處1份，由會議學術委員會審評確定大會交流的論文。另請影印xx份，報到時交給會議秘書處。

（2）與會者的交通費、食宿費一律自理，另交會務費xxx元人民幣。

（3）與會者務必將「報名表」填妥後同論文一起郵寄或傳真給會議秘書處。

（4）2月6日在海口機場全天接站。

聯繫人：xxx

聯繫地址：xxxxxxxxxxxx

郵遞區號：xxxxxx

電話：xxxxxx

傳真：xxxxxx

xx市社會科學院（章）

二〇〇四年九月十二日

【來訪邀請函例文】

邀 請 函

尊敬的xx先生：

您好。

我公司是xx市最大的會展中心，展覽面積共25萬平方公尺，2003年舉辦各種會展已達xxx個，觀眾總人數逾xx萬人次。為實現我公司五年內躋身世界知名展館企業行列的目標，我們正在邀請一批知名專家組成我中心的策劃顧問團。您是一位在國際會展業研究和策劃方面的專家，長期來，我們一直非常仰慕您的成就以及您在業內的影響力。因此，我們誠邀您為我中心首席策劃顧問，並歡迎您在今年方便時候訪問我公司，共商合作事宜，一切費用由我公司安排。如蒙惠允，不勝榮幸。我們殷切期待您的回音。

順頌

春祺

××會展中心總經理 錢××

2004年2月8日

二、請柬

（一）請柬的含義

請柬，也叫請帖，是一種專門邀請客人參加活動的禮儀性文書。

同一般會議通知不同的是，請柬主要用於舉行儀式性、招待性會展活動，如大型會議和展覽活動的開幕式和閉幕式、大型工程的開工儀式和竣工儀式、重要項目的簽字儀式、招待會、晚會等，而且發送對象一般都是上級領導、知名人士、兄弟單位代表等，與主人是賓主關係，而非上下級關係或管理與被管理關係。

邀請函與請柬都可以用於邀請客人參加會議或活動，其區別有兩點：一是適用場合不同，邀請函多用於以口頭交流為主要方式的會議活動，如有關邀請專家出席諮詢會、論證會、研討會，邀請記者參加發布會、記者招待會等；而舉行各類較為隆重的儀式和交際活動，如開幕式、閉幕式、簽字儀式、開工典禮、宴會、舞會等，則應當用請柬，而不用邀請函。二是規格不同，有的會議活動可能同時使用邀請函和請柬，這時，一般的專家和客人發邀請函，而作為特邀嘉賓的上級領導、兄弟單位代表、社會名流等，則應用請柬。

（二）請柬的格式和寫法

1.固定式請柬

這類請柬既可以按統一格式批量印製，也可以用市售的具有統

一格式的請柬填發。發送這類請柬應當有信封，以示鄭重。請柬的行文一般不用標點，也不提邀請對象姓名，而是將其姓名寫在信封上。最後填寫主辦單位名稱，也可由主人簽名。

2.撰寫式請柬

即根據活動的具體要求和對象的實際情況，專門擬稿並撰寫後影印的請柬。影印後要裝入信封發送。具體格式如下：

（1）標題。僅寫「請柬」二字，居中。不能寫成「關於xxxx的請柬」。

（2）稱謂。寫明對象的姓名，前加尊稱，後加冒號。如發給單位的，則寫單位名稱。

（3）正文。寫明活動目的、內容、形式、時間、地點等。由於請柬發送的對象都是上級領導、兄弟單位、合作對象、社會知名人士等，因此，用詞語氣一定要恭敬、懇切。請柬中所提到的人名、國名、單位名稱、節日名稱都應用全稱。最後用「恭請光臨」、「敬請撥冗光臨」等結尾，寫法上也可參照一般書信的祝頌語的格式，正文之後另起一行前空2字格寫「恭請」、「敬請」，再另起一行頂格寫「光臨」、「駕臨」等。

（4）落款。以單位名義發出的請柬應註明單位名稱並蓋單位公章，以示鄭重。以領導人名義發出的請柬，由領導人簽署，以表誠意。領導人姓名前應寫明身分。

（5）日期。寫上發出邀請的日期。

（6）附註。如果要確切掌握對方的出席情況，可在正文下方用括號註明「請答覆」字樣，涉外請柬用法文編寫「R.S.V.P.」。如只要求在不出席的情況下答覆，則註上「Regrets only」（因故不

能出席請答覆），並註明回電號碼。附註中也可說明其他要求或事項，如著裝的要求、桌次、從幾號門進入等。

【固定式請柬例文】

李 × × 先生_{台啟}

（封面）

　　　為歡迎參加第三屆無錫國際茶葉博覽會的各國朋友謹訂於二○○五年五月八日（星期三）下午七時整假李園大酒店舉行歡迎酒會
　　敬請
光臨
　　　　　　　　　　趙 × × 謹啟
　　　　　　　　　　二○○五年五月三日
（請答覆，電話:× × × × × × × ×）

【撰寫式請柬例文】

請　　柬

鍾××先生：

　　茲定於10月18日上午9點30分在上海新
國際博覽中心舉行第三屆上海汽車博覽會開幕式，
敬請撥冗光臨。

　　　　第三屆上海汽車博覽會組委會（章）

　　　　　　　二〇〇二年一月十日

第二節　感謝信和賀函

一、感謝信

（一）感謝信的含義

　　感謝信是發信的組織或個人向收信的組織或個人表達誠摯謝意
的常用社交禮節性文書。在會展管理和會展活動中，主辦者、承辦
者經常要運用感謝信向協辦單位、支援單位、參展商、客商以及社
會各界表示感謝，參展商也需要透過感謝信與在展會期間前來諮
詢、洽談重要客戶進行感情聯絡。

（二）感謝信的格式與寫法

　　以單位名義發出的感謝信一般用單位信箋書寫或影印，也可用
大幅面的紅紙書寫或影印，送往受謝單位公開張貼。

1.標題

感謝信的標題一般有三種寫法：第一種寫明發信單位、致信對象和文種，如《中國寵物及水族用品展覽會致組團單位及宣傳媒體的感謝信》；第二種寫明致信對象和文種，如《致××場館全體建設者的感謝信》；第三種僅寫《感謝信》。標題應當居中。

2.稱謂

標題之下頂格書寫受謝單位的名稱或個人姓名，後加冒號。受謝對象較多時，可用統稱，如「尊敬的客戶」。如標題中已經指明致信對象，也可省去稱謂。

3.正文

正文一般可分為三部分來寫。先交代表示感謝的原因，寫明所要感謝的人和事以及得到了對方哪些幫助和支持，這些幫助和支持對於己方有哪些意義和作用。這一部分敘述要清楚，時間、地點、人物、原因、經過、結果六要素要儘可能齊全；其次讚揚對方的高尚品德、優良作風、可貴精神和合作誠意。這一部分語言要充滿感情，評價要恰當、得體。最後一部分可再次表達敬意和感謝，或提出進一步加強合作的願望。

4.祝頌語

根據雙方的關係選擇相關的祝頌語。如正文的結尾已經再次表達了敬意和祝願，也可省去祝頌語。

5.落款

即署名，單位發出的感謝信署單位的名稱並加蓋公章；以領導人名義發出的感謝信由領導人親署姓名，並寫明身分或職務。

6.日期

寫明發出的日期。

【感謝信例文1】

感謝信

xx市xx出入境邊防檢查站：

在香港特區政府和中國國際貿易促進委員會的親切關懷和大力支持下，由xx貿易發展局和xx國際展覽有限公司聯合主辦、我公司協辦的「首屆香港國際xx展覽會」於xxxx年x月x日至x日在香港亞洲國際博覽館隆重舉行。本屆展會在海內外業內人士的廣泛關注和熱情參與下，透過廣大參展商和採購商的通力合作，實現了「開放、交流、合作、共贏」的展會宗旨，達到了預期目的，取得了圓滿成功。

展會籌備階段，為確保我公司組織的內地參展人員按預訂時間順利通關，我公司曾派員與貴關接洽，受到以xx副站長為首的有關同志的熱情接待，並在預報名單的情況下為我公司制定了團體通關方案。x月x日上午九時許，當我團按計劃抵達關口時恰逢旅客高峰時段，xx口岸團體和散客通道均人滿為患，參展人員全部阻滯於大廳門外，由於時間緊迫，大家焦急萬分。如果我團無法按預訂時間通關布展，將直接影響到第二天展會能否順利開幕。在這緊急時刻，xx副站長及有關同志以高度負責的工作態度，果斷決定臨時開闢三個展團專用通道，使我團得以及時、順利通關，並按預訂時間趕到展場圓滿完成了布展任務，確保了展會順利開幕。

目前我團全體參展人員均已圓滿完成出展任務，並順利返回全國各地，投入新的工作。但是貴站這種認真負責、熱心服務的精神

卻深深印在大家心中，並鼓舞著來自全國各地的參展人員在各自不同的工作崗位上盡職守責，銳意進取。在此我公司謹代表x月x日從xx口岸通關的全體參展人員向貴站表示衷心的感謝！向xx等同志致以崇高的敬意！我們決心以貴站為榜樣，牢固樹立全國一盤棋的思想，進一步增強工作責任感和使命感，團結協作，努力工作，為全面建設小康社會作出更大的貢獻！

xx展覽有限公司

xxxx年x月x日

【感謝信例文2】

感謝信

尊敬的展商：

感謝所有參展公司一直以來對xxxx展的參與和支持！尤其是老展商、媒體單位和參與本次展覽會工作的服務商，我們將一如既往以熱情、認真、專業、專注的態度為廣大行業客戶服務。

第八屆xxxx展於3月23日在xx國際博覽中心圓滿落幕，但xxxx展的工作永不落幕，「xxxx網上展廳」將繼續為國內外廣大展商、投資商提供長年的交易平台和便捷服務。我們也將繼續加強與國內外機構的合作，進一步拓展xx展的時間、空間和發展領域。

陽春三月，第八屆xxxx展攜著春的生機給眾多展商帶來無限商機！第九屆xxxx展將於xxxx年x月x～x日在xx舉行，明年的展會將會以xx新國際博覽中心W1-W5館x萬平方公尺的超大面積展示行業高新技術產品，相信第九屆xxxx展將會帶給大家新的機遇、新的收穫、新的驚喜！

再次衷心感謝海內外新老朋友的支持，相約x，相約2007年，明年xxxx展我們再會！

順頌

商祺

xxxx國際展覽機構

xxxx年x月xx日

二、賀函

（一）賀函的含義

賀函是向受賀方表達慶賀、讚揚、表彰和勉勵的社交禮儀性文書。在會展行業中，賀函常用於祝賀會展公司的成立或司慶、場館建設工程的竣工、會展活動的開幕和閉幕等。賀函如以電報的方式發出，則稱為賀電，寫作上並無二致。

（二）賀函的格式和寫法

1.標題

賀函的標題也有三種寫法：第一種寫明祝賀單位、祝賀對象和文種；第二種寫明祝賀對象和文種，如《致2006山東（國際）文化產業博覽會的賀函》；第三種僅寫《祝賀函》。標題應當居中。

2.稱謂

標題之下頂格書寫祝賀對象的單位名稱。祝賀函也可以祝賀單位領導人的名義發給對方，這類賀函如屬平行關係，其稱謂應寫對方單位領導人的姓名。稱謂後面應加冒號。

3.正文

開頭一般應直接點明主題，即祝賀的具體事項並表示祝賀之意。主體部分應當熱情讚揚對方所獲得的成功、取得的成就和進步，深刻揭示其原因，充分肯定其意義。結尾應根據祝賀的對象和相互關係，或提要求，或表希望，或發號召，或祝成功。正文寫作要情真意切。

4.祝頌語

一般可寫「順致崇高的敬禮」或「預祝xx博覽會圓滿成功」，或根據祝賀和受賀雙方的關係選擇其他合適的祝頌語。如正文的結尾已經再次表達了敬意和祝願，也可省去祝頌語。

5.落款

單位發出的賀函署單位的名稱並加蓋公章；以領導人名義發出的賀函由領導人親署姓名，並寫明身分或職務。

6.日期

寫明發出賀函的日期。

第三節 會展致辭

一、會展致辭的含義和特點

（一）會展致辭的含義

會展活動常常伴隨開幕或閉幕式、歡迎或歡送宴會、簽字或頒授儀式等各種禮儀活動，會展主辦方以及參與活動的各個主體都需要透過致辭來表達歡迎、惜別、感謝的情意，回顧賓主雙方友好交往、真誠合作的情景，對會展活動舉辦表示良好的祝賀，向參展與

會各方提出殷切的希望。簡言之，致辭就是指在各種會展禮儀活動中賓主雙方發表的講話。

（二）會展致辭的特點

1.篇幅短小

致辭應當短小精悍，不宜長篇大論。

2.感情真摯

會展致辭的對象主要是應邀前來參加活動的領導、嘉賓、客戶，一席充滿真摯感情、發自肺腑的致辭，往往能體現主辦者的熱情和誠意，增強相互信任，有助於營造會展活動良好和諧的氣氛。

3.符合場景

會展致辭是一種交際應酬性文書，應當注重交際場景，致辭內容和用詞語氣要與交際場景相一致。

4.語言生動

致辭屬於講話類的文案，用於口頭表達，因此寫作時要特別注重語言的口語化，並運用多種表達方式和修辭手法，做到句式多樣、生動形象。

二、開幕詞和閉幕詞

（一）開幕詞和閉幕詞的含義和作用

開幕詞和閉幕詞是在會展活動正式開始和正式結束時，由主辦方身分最高的領導人宣布會展活動開幕或閉幕的致辭。開幕詞除了宣布開幕之外，還可以對來賓表示歡迎和感謝，闡述本次會展的目的、任務、意義，提出希望和要求。閉幕詞除了宣布閉幕之外，還

可以總結會展活動取得的成果，對來賓表示歡送和祝願，對有關方面的支持表示感謝，等等。

（二）開幕詞和閉幕詞的結構和寫法

開幕詞和閉幕詞的結構由下列幾部分組成：

1.標題

在致辭寫作中，標題的作用主要是在書面發表後給讀者看的，或者便於將來查找，因此是致辭寫作不可缺少的結構要素，但致辭人在宣讀致辭時是不讀標題的。開幕詞和閉幕詞的標題常見的有如下幾種：

（1）單行式標題。即在會展名稱後面加「開幕詞」或「閉幕詞」。如：

××國際藝術節開幕詞

或者採取致辭人姓名、會展名稱加開幕詞（或致辭）的格式，如：

×××副市長在×××博覽會閉幕式上的閉幕詞

（2）複合式標題。即在單行式標題的上面增加一行標題為正標題，揭示開幕詞的主題思想；第二行為副標題，說明致辭的場合。如：

我們的文學應站在世界的前列

——中國作家協會第四次會員代表大會開幕詞

2.日期

開幕式或閉幕式的日期標註於標題的正下方，外加圓括號。

3.致辭人

開幕式或閉幕式日期的正下方註明致辭人姓名。

4.稱呼

稱呼要根據參加對象的情況而定，一般是身分從高到低，性別先女後男，並儘可能涵蓋全體參加對象。稱呼應頂格書寫，後面加冒號。稱呼對象較多時，可分類別稱呼並分行書寫。如：

尊敬的全國政協×××副主席：

尊敬的省政協××副主席：

各位領導，各位嘉賓，女士們、先生們、朋友們：

5.正文

（1）開幕詞正文。開頭部分宣布會展活動開幕，對與會者表示歡迎，對會展活動的成功舉行表示祝賀。主體部分回顧歷屆會展活動取得的成績、經驗或教訓，提出本次會展活動的主要任務，闡明主題和意義，對與會各方提出希望和要求。結束部分預祝會展活動圓滿成功。

（2）閉幕詞正文。會展活動閉幕詞的開頭一般用簡明的語言說明本次會展活動是在什麼情況下圓滿結束、勝利閉幕的。主體部分用敘述的方法回顧總結本次會展取得的成就，有哪些經驗和意義，並在此基礎上提出貫徹會議精神或對辦好下一屆會展活動的要求和希望。結尾部分向支持會展活動的單位和個人表示感謝，向與會者表示良好的祝願，也可鄭重宣布會議閉幕。

6.致謝

即在結束致辭之前，向各位聽眾表示謝意。謝詞也可省略。

【開幕詞例文】

2004中國國際名酒博覽會開幕詞

（2004年11月25日）

四川省委副書記　甘道明

尊敬的各位來賓，女士們、先生們、朋友們：

上午好！

美酒飄香，高朋雲集。由中國國際貿易促進委員會、中國國際商會、中國釀酒工業協會、中國食品工業協會、四川省人民政府共同主辦「2004中國國際名酒博覽會」今天隆重開幕了。在此，我謹代表四川省委、省政府和8700萬四川人民，向大會的開幕表示熱烈的祝賀，向蒞臨大會的各位領導、嘉賓和各界朋友表示熱烈的歡迎和衷心的感謝！

釀酒工業和酒文化在中國有著幾千年的歷史。四川作為中國名酒之鄉，不僅有豐厚的文化底蘊，更具備雄厚的產業基礎，僅酒類企業就達3000餘家，酒的產銷量占全國60%～70%。在四川成都首次舉辦「中國國際名酒博覽會」具有十分重要的現實意義，必將為中國名酒與世界名酒之間架起廣泛合作和交流的國際平台。

「佳釀積澱千年文明，名酒飄香五湖四海」，本屆酒博會吸引了來自美國、西班牙、加拿大、澳洲、韓國等國家和中國香港地區的數十個「洋酒」品牌和國內10餘個省市（區）的200餘個中國名酒品牌參加。此次酒博會將透過名酒展示、貿易洽談、酒文化交流、專家論壇等活動，共同展示人類酒文化的光輝燦爛，共同探討全球酒業未來的發展方向，不僅為國外酒業進入中國市場提供了更為便捷的通道，同時也將為中國名酒走向世界提供更加廣闊的國際

空間。

最後，我預祝2004中國國際名酒博覽會圓滿成功！

謝謝大家！

【閉幕詞例文】

第三屆全國生物多樣性保護與持續利用研討會閉幕詞

（一九九八年十二月十三日）

中國科學院生物多樣性委員會副主任　馬克平

尊敬的主席先生，各位專家，女士們，先生們：

經過3天的報告和廣泛深入的交流，第三屆生物多樣性保護與持續利用研討會即將閉幕，會議獲得了圓滿的成功。在此，我代表此次會議的組織者，中國科學院生物多樣性委員會，國家環保總局自然保護司，國家林業局野生動物和森林植物保護司向大家表示衷心的感謝。

回顧總結此次會議，我認為它具有以下幾個特點：

一是代表性。參加此次會議的代表共133人，來自全國20個省、市自治區的45個單位。我們還很榮幸地邀請到來自臺灣的××教授和香港的××博士等港臺的生物多樣性方面的專家，使我們的會議體現了完整的全國性。來自美國密蘇里植物園的××博士的應邀與會，又給我們的會議增添了國際特色。

二是權威性。此次會議是本領域國內最高水平的學術會議。各位代表與會期間，對他們高水平的最新研究結果進行了報告和交流。特別是很多國內的知名專家光臨此次會議，與我們共享了他們最新的研究成果和學術創見，不僅使我們更加全面地瞭解了國際生

物多樣性科學研究的前列和趨勢，更給我們增強了在國際生物多樣性研究領域占有重要的一席之地的信心。因此我堅信，透過此次高水準的學術研討，一定會對中國生物多樣性保護與持續利用事業產生更大的推動作用。

三是多樣性。會上報告豐富多彩，會下交流積極踴躍。特別是多媒體技術的應用，使我們的報告上升到一個新水平。我相信透過這次會議建立的聯繫，能為將來的交流與合作打下良好的基礎。

會議即將結束，中國的生物多樣性保護與持續利用事業還任重道遠，希望各位專家繼續艱苦努力，通力合作，爭取多方面的支持與協作，在xxxx年的第四屆研討會上，有更多、更先進的成果展示出來。

同時，我代表大會主辦單位和各位代表向本次會議的承辦者——中國科學院昆明動物研究所、西雙版納熱帶植物園和中國生物多樣性委員會辦公室，特別是朱建國處長和侯淑琴主任表示衷心的感謝和敬意。

最後預祝大家旅途愉快，身體健康！

謝謝大家！

三、主持詞

（一）主持詞的含義和作用

主持詞是會議或各種儀式的主持人主持會議時使用的文件，具有組織各項活動環節、介紹發言人身分、控制活動進程、確保會議程序的嚴肅性和準確性、營造現場氣氛的作用。

（二）主持詞的主要內容

由於不同性質的會議或儀式在內容和程序安排上不盡相同，所以主持詞的內容也各有側重。一般而言，主持詞的主要內容包括：宣布會議開始，介紹會議的其他主席和主要領導人、主要來賓，報告會議的出席人數，說明會議的目的、任務和宗旨，宣布會議議程或程序，強調會議的紀律和注意事項，介紹發言者的姓名和職務，宣布會議的結果，宣布會議結束，等等。

（三）主持詞的結構與寫法

1.標題

會展活動名稱＋主持詞，如《xx博覽會開幕式主持詞》。

2.日期

標題之下居中標明會展活動的具體日期。

3.主持人姓名

日期之下居中標明主持人的身分和姓名。

4.稱呼

稱呼的寫法和要求參見開幕詞。

5.正文

主持詞正文部分要依據事先確定的會議或儀式的程序來擬寫，使主持詞與每一項活動程序有機地融合起來。在具體寫作時要把握好幾個環節：

（1）開場白。主持人的開場白主要是起宣布會議或儀式開始的作用，在不專門安排致開幕詞的會議中，主持人的開場白相當於開幕詞。大型會展活動開幕式由於另有專人致開幕詞，因此主持詞

的開場白可對參加開幕式的來賓表示歡迎和感謝，或簡要揭示會展活動的背景和意義，作為開幕式的引子。要注意語言簡明，不可長篇大論，避免與後面的開幕詞或歡迎詞意思重複。

（2）介紹。主持人要介紹出席會議或儀式的主要領導和嘉賓以及每一位致辭人或發言人。介紹時一要做到次序得體，一般按身分從高到低，身分相同時，可按資歷高低或先賓後主；二要做到被介紹者的身分、職務、姓名清楚準確；三要做到禮貌，即介紹致辭人、發言人、頒獎人、領獎人時，要用「請」、「有請」等禮貌用語。

（3）小結。每項程序結束後，主持人可做一個簡短的小結，闡明致辭、發言或具體活動的意義，對發言者表示感謝。會議或儀式結束之前，可總體概括會議的成果，對與會者提出希望和祝願，也可根據程序安排，導入下一環節的活動。

在結構安排上，主持詞中表達的每一項程序都要以自然段落分開，或標上序號。語言要根據會議的性質和內容來確定表達風格，如法定性代表大會的主持詞要求準確、嚴密、規範，符合會議的議事規則，而節事活動的主持詞則可以幽默、風趣、生動、活潑，充滿激情。

【會議主持詞例文】

中國xx論壇主持詞

xxxx年x月x日

主持人xxx

各位領導，各位來賓，新聞界的各位朋友：

早上好。歡迎各位參加中國xx論壇。

中國xx論壇現在開幕。

我是主持人xx，非常高興應邀主持這次論壇。在這裡我也代表主辦方對各位的到來表示歡迎。

眾所周知，企業資訊化是國家資訊化的重要組成部分，研究制訂企業資訊化專項指標體系，對於豐富和完善國家資訊化指標體系，是一個具有探索意義的重大課題。國家資訊化主管部門以及相關部門非常關心企業資訊化專項指標的研究、制訂。

蒞臨本屆論壇的領導同志有：（略）

此時此刻，我們論壇在舉行的同時，新浪網還在他們的首頁對此次論壇進行網上即時轉播。

下面，請xx常務委員、全國xx工作領導小組成員、「製造業資訊化工程」重大專項領導協調小組副組長、中國電子商務協會理事長、國家xx中心主任xx同志，公布「中國企業資訊化指標體系構成方案」和「中國企業資訊化標竿企業推選方案」。

（xx致辭）

非常感謝xx女士的致辭，同時也感謝x女士對這兩個方案的詳細介紹。

接下來有請國家資訊化測評中心常務副主任xxx同志作「關於企業資訊化指標體系的說明」。有請。

（xxx致辭）

謝謝x主任給我們進行的講解。正像xx女士提出的，經過八年的努力，取得了今天的成果，企業資訊化專項指標體系的建立，這

其中凝聚了在座各位很多領導和專家、學者的心血和努力。

（各企業代表講話）（略）

許多企業代表都在這裡發言，表達了一個共同的心聲，中國企業在經歷了資訊化建設的風雨之後，強烈地感受到了企業資訊化建設需要一個明確的效能指標，從而把企業資訊化建設引導到一個有效益的資訊化道路上來。實際上在企業資訊化發展過程當中，有15家企業造成了一個帶頭和表率的作用。這15家著名的資訊化先進企業和資訊化服務商聯合向全國企業發出倡議，建設有效益的資訊化——我們一起行動！這15家企業是：（名單略）

有請這15位倡議企業的代表上台簽署倡議書。在簽署倡議書之前，我們先請神州數位中國有限公司總裁兼CEO××先生宣讀倡議書。

（××宣讀倡議書）

現在我們有請15 位代表，代表15 家企業在倡議書上寫下你們寶貴的簽名。

（簽署倡議書）

相信這樣一份倡議書的簽署，不僅對15 家企業，而且對國內其他企業來說，都具有非常重要的歷史意義。在這15家企業的帶領和倡議之下，也會有越來越多的國內企業響應他們的倡議，加入到這個隊伍當中來，腳踏實地地做出自己的努力，從而推動中國企業資訊化的建設，使中國企業資訊化建設取得實際的成果和成績。

我們再一次用掌聲向這15家企業表示衷心的感謝。

（15家企業代表合影留念）

這張照片的確非常值得紀念，值得珍藏。經過多方的努力，這份倡議書終於簽署完畢，相信行動勝於一切，在這裡再一次感謝15家企業，謝謝你們，謝謝各位。

各位領導，各位來賓，中國xx論壇到這裡就圓滿結束了。在這裡，我也再一次代表今天論壇的主辦方，對今天各位來賓的到來表示衷心的感謝，謝謝各位。

朋友們，再見。

【儀式主持詞例文】

xx志願者項目啟動儀式主持詞

2005年6月5日

xxxx主任xx

女士們、先生們、朋友們：

大家下午好！

今天，來自五湖四海的朋友們歡聚一堂，舉行xx項目啟動儀式。

我們非常榮幸地邀請到了國際xx主席xx先生，讓我們以熱烈的掌聲對xx先生的光臨表示歡迎和感謝！

下面，我介紹出席儀式的領導和貴賓，他們是：

（略）

出席今天儀式的領導和貴賓還有：（略）。

參加今天儀式的還有各贊助商代表、國內外志願者代表和熱心志願服務事業的朋友們。讓我們用熱烈的掌聲向出席活動的各位領

導、貴賓和海內外的朋友們表示熱烈的歡迎！

我宣布，xx項目啟動儀式正式開始！

請xx同志、xx先生共同為我們開啟xx標誌。

（xx、xx開啟xx標誌）

謝謝xx同志和xx先生！

下面，讓我們熱烈歡迎xx主席xx先生致辭！

（xx致辭）

謝謝xx先生！

下面，有請來自xx大學、xx大學的志願者代表發言！

（代表發言）

下面，有請台上的各位領導和貴賓，與志願者代表們合影！

（合影）

讓我們的手緊緊相握！讓我們的心緊緊相連！衷心祝願海內外志願者高擎旗幟、攜手並肩，開闢志願服務和xx事業的美好未來！

我宣布，xx志願者項目啟動儀式，到此結束！

謝謝大家！

四、歡迎詞、歡送詞和祝酒詞

（一）歡迎詞、歡送詞和祝酒詞的含義和作用

歡迎詞是一種在迎接賓客的儀式上，主人對賓客表示熱烈歡迎的致辭。舉行會展活動的開幕式和各種形式的歡迎儀式，主辦方都要致歡迎詞。

歡送詞是一種在告別儀式上，主人向賓客表示歡送的致辭。舉行會展活動的閉幕式以及各種形式的歡送儀式，主辦方都要致歡送詞。

祝酒詞是在歡迎、歡送以及慶祝、招待宴會上，賓主相互祝酒時發表的祝詞。在歡迎或歡送宴會、酒會上所致的歡迎詞和歡送詞加上祝酒的內容，也可稱為祝酒詞。

歡迎詞、歡送詞和祝酒詞是一種重要的禮儀文書，同時也是一種宣示性文書。在向客人表達歡迎、歡送、感謝、祝賀、祝願等真摯情意的同時，還可以闡明主辦方對會展活動的主張，會展活動的成果提出的預期或評價，以及對未來的合作提出的希望。

（二）歡迎詞、歡送詞和祝酒詞的結構和寫法

1.標題

一般由儀式名稱和「歡迎詞」或「歡送詞」組成，如《世界客屬第十九屆懇親大會暨客家文化節開幕式歡迎詞》。如果儀式名稱中已經有「歡迎」或「歡送」的字樣，可將「歡迎詞」和「歡送詞」改為「致辭」。以避免文字重複，如《在××博覽會歡送宴會上的致辭》。

2.日期

標題之下居中標明致辭的具體日期。

3.致辭人姓名

日期之下居中標明致辭人的身分和姓名。

4.稱呼

歡迎詞和歡送詞的對象性很強，因此，稱呼也要有明確的對象

性。具體寫法有兩種：一種是先稱呼歡迎或歡送的對象，然後稱呼在座的其他對象。如果使用這種稱呼，下面正文中提到歡迎或歡送對象時，要用特稱。

總統先生、總統夫人，

女士們、先生們，

同志們、朋友們：

首先我願以所有在座的中國同事們和我本人的名義，感謝xxx總統和夫人邀請我們參加今晚的宴會。

明天就要離開北京……

以上致辭由於稱呼涵蓋了所有參加者，正文中就使用「尼克森總統和夫人」、「總統先生一行」等特稱。

另一種寫法是僅稱呼歡迎或歡送對象。如果使用這種稱呼，下面正文中的稱呼就一定要用「您」，請看下例：

尊敬的傑克遜先生：

再過半個小時，您就要登程回國了。我代表xx會展中心全體員工，向您及您率領的代表團全體成員表示最熱烈的歡送……

5.正文

（1）歡迎詞的正文。開頭先用簡潔的語言表明對來賓的光臨致以熱烈歡迎和感謝之意，給客人一種「賓至如歸」、「溫暖如春」的親切感。主體部分可因人因事，靈活多樣，或交代舉辦活動的背景、目的、意義以及本次活動的特點；或回顧歷史上雙方友好交往、愉快合作所取得的成果，讚美友情，闡明共同面臨的挑戰和任務，期待進一步發展友誼、加強互信與合作等等。結尾部分用簡

短的語言向來賓表示良好的祝願，並預祝活動取得圓滿成功。

（2）歡送詞的正文。開頭表達熱情歡送和惜別之情。主體部分要高度評價本次會展活動的成果和來賓對會展活動所作的貢獻，並表示由衷的祝賀和感謝；也可回顧客人來訪期間雙方開展的友好交往，結下的深厚友誼，以表達依依不捨的情意。結尾部分一般表示祝福和希望再次相會的祝願。

（3）祝酒詞的正文。祝酒詞既可以表示歡迎或歡送，也可用於表達相互祝賀會談成功、項目投產、工程竣工等。表示歡迎或歡送的祝酒詞，開頭和主體部分的寫法與歡迎詞和歡送詞一致。其他祝酒詞的開頭一般要先說明祝酒的目的和對象，然後闡明活動舉辦或項目實施的意義，向對方表示真誠的感謝，並期待進一步的合作。祝酒詞的結尾具有明顯的特徵，即應當另起一行，寫上「最後我提議」、「現在我提議」、「請允許我舉杯」等，再另起一行寫明祝酒的對象和內容，最後再另起一行寫上「乾杯」作為結尾。如果祝願的對象和內容較多，要分別另起行書寫。

【歡迎詞例文】

xx大會暨中國xx文化節開幕式歡迎詞

（xxxx年xx月x日）

xxx

尊敬的xxx副主席，

尊敬的各位領導、各位來賓，

親愛的客屬鄉親們：

大家好！

世界客屬第十九屆懇親大會暨中國（贛州）客家文化節，今天就要開幕了。我謹代表中共贛州市委、贛州市人民政府和830萬熱情好客的贛州客家兒女，向前來尋根謁祖、懇親聯誼的海內外客屬鄉親，向專程蒞會指導的各位領導、各方來賓，表示熱烈的歡迎和崇高的敬意！向關心、支持懇親大會的各級領導、有關部門，以及海內外各界人士，表示衷心的感謝！

客家搖籃在贛州。贛州是客家先民南遷最早的集散地，是世界客屬的原鄉故里，是世界最大的客家人聚居地。在這塊蘊涵著2200多年深厚歷史文化的神奇土地上，繁衍了生生不息的客家子民，創造了光輝燦爛的客家文化，孕育了代代相傳的客家精神；千百年來，無數客家先輩，也正是從贛州這塊土地上起程，邁出了他們的創業和輝煌之路。今天，世界客屬第十九屆懇親大會在贛州舉行，正是全球客屬兒女的共同心願。

今天的贛州，正處於蓬勃發展的時期。我們組織實施了「對接長珠閩，建設新贛州」的發展戰略，著力於建設一個經濟文化繁榮、社會和諧進步、民主法制健全、充滿生機與活力的新贛州，要使贛州的人民生活得更加富裕、更加安康、更加美好。贛州的未來充滿希望。我們熱忱歡迎海內外客屬鄉親們多回來看看，也熱忱歡迎海內外的客商們到贛州來投資興業、大展宏圖。讓我們共創更加美好的明天！

祝世界客屬第十九屆懇親大會暨中國（贛州）客家文化節圓滿成功，祝各位領導和各位來賓身體健康、家庭幸福、萬事如意！

謝謝大家！

【歡送詞例文】

在德國凱瑞會展公司代表團歡送儀式上的致辭

（2004年10月18日）

上海xx會展公司董事長　xxx

尊敬的瑪麗女士，

德國凱瑞會展公司各位同仁：

今天下午，你們將結束對我公司的訪問，起程回國，借此機會，請允許我代表上海xx會展公司全體同事向你們表示最熱烈的歡送！

近一個星期來，我們雙方本著互惠互利的原則，經過多輪會談，簽訂了三項實質性的協議，取得了令人滿意的雙贏的成果。貴公司在會談中表現出的誠意和合作態度，給我和我的同事們留下了極其深刻的印象，對此，我們深表敬佩。我們衷心希望貴我雙方繼續保持這種良好的合作勢頭，切實落實各項協議，為促進兩國會展業的發展作出貢獻。

我們期待著瑪麗女士和貴公司同仁明年再度訪問我公司。

最後祝各位一路順風。

【祝酒詞例文】

第七屆上海國際xx展覽會歡迎酒會祝酒詞

2005年5月8日

曹xx

各位領導、各位來賓：

晚上好！

第七屆上海國際xx展覽會今天上午開幕了。今晚，我們有機會同來自世界各地各界的朋友歡聚，感到很高興。我謹代表中國國際貿易促進委員會上海市分會，對各位朋友光臨本屆展會和今晚的歡迎酒會，表示熱烈的歡迎和衷心的感謝！

上海國際xx展覽會自1998年舉辦以來，已連續舉辦7屆，在國內外引起了廣泛的注意，展會規模越來越大，參展層次也越來越高，已經成為中國知名的會展品牌，在國際上也贏得了良好的聲譽。我相信，在各位朋友的大力支持下，上海國際xx展覽會一定會越辦越好，在推動xx領域的技術進步以及經濟貿易的發展方面將發揮更大的作用。

今晚，各國朋友歡聚一堂，我希望中外同行以酒會友，尋求友誼與合作，共同度過一個愉快的夜晚。

現在，請大家共同舉杯，

為第七屆上海國際xx展覽會的圓滿成功，

為朋友們的健康，

乾杯！

第四節　會展證書與證件

一、會展證書

1.會展證書的含義和作用

會展證書是指由會展主辦單位製發的，證明參展者或與會者在會展活動中獲得某項榮譽或獎項、發表報告或演講、受聘擔任某項

職務的文書。會展證書具有證明的作用，同時也常常是獲得者收藏的珍品，製作應當精美，便於永久保存。

2.會展獲獎證書

會展獲獎證書（或榮譽證書）是由會展的舉辦單位透過評選統一印製並發給獲獎單位或個人的一種證明文書。獲獎證書的格式一般包括：

（1）標題。用醒目、漂亮的字體居中標註於證書上方，一般寫「獎狀」、「證書」、「榮譽證書」等，也可寫明會展活動的名稱或獎項名稱。

（2）稱謂。獲獎證書有兩種人稱的寫法：如採用第二人稱的寫法，必須寫稱謂，如「xx公司」或「xxx同志」，後加冒號；如採用第三人稱的寫法，則不必寫稱謂。

（3）正文。獲獎證書的正文一般要寫明獲獎的作品或產品的名稱、獎項或榮譽稱號的全稱和等級，有時也可先寫明評選的程序，如：「經xx論壇學術委員會認真評選」，再寫獲獎的事項。結尾可另起一行寫「特授此證」。採用第二人稱寫法的，正文中要出現「你」或「您」，以示與稱謂相照應；採用第三人稱寫法的，由於不寫稱謂，正文中要寫明獲獎者的姓名。獲獎作品有共同作者的，應當逐一寫明姓名。

（4）頒獎機構。正文右下方要寫頒獎機構的全稱並加蓋公章。

（5）頒發日期。一般寫評委會評定的日期，位於頒獎機構名稱之下。

【會展證書例文】

獎　狀

XXX公司：

　　貴公司在第七屆xx博覽會上展出的 XXX產品榮獲「xx博覽會金獎」。

　　特授此證

　　　　第七屆xx博覽組委會（章）

　　　　二〇〇六年五月十日

3.會展聘書

　　會展聘書是會展管理機構、會展主辦單位聘請某人擔任與會展有關的職務的專用文書，如聘請擔任組委會名譽主任、評選活動的評委等。聘書既是一種禮儀文書，又具有法定性，受聘者據此在聘任期間享有與之相應的權利，同時也必須履行相應的義務。聘書不用於任命領導幹部。

　　會展聘書的格式和寫法如下：

　　（1）標題。居中寫「聘書」或「聘請書」，也可寫明聘請單位的名稱。

　　（2）稱謂。即受聘對象。聘書的稱謂一般不前綴敬語詞，姓名後寫「同志」、「先生」、「女士」、「老師」等。如採用第三人稱的寫法，可不寫稱謂。

（3）正文。聘書的正文一般要寫明聘任的具體職務和期限，必要時還可寫明聘請的目的和聘任期間的主要職責。寫法上要注意人稱的協調，如前面寫有稱謂，正文中一定要寫「你」或「您」；如前面省略了稱謂，則正文中一定要寫明受聘者的姓名。最後另起一行前空2字用「此聘」或「此致」作結語，不加句號。

（4）聘請機構。正文右下方寫聘請機構的全稱並加蓋公章，或由聘請機構的領導人親自署名或加蓋手書體簽名章。

（5）頒發日期。聘請機構名稱之下寫上確定聘請的日期。

【會展聘書例文】

> ## 聘　　書
>
> ×××先生：
> 　　茲聘請您為「第七屆××博覽會金獎」評委會主任。
> 　　此聘
> 　　第七屆××博覽組委會主任 × × ×
> 　　二〇〇六年三月十五日

二、會展證件

1.會展證件的含義和作用

　　會展證件是指會展活動舉辦期間，為便於管理和服務，要求參加人員、工作人員以及其他進入場館的人員佩戴的，證明身分的書面憑證。會展證件具有便於加強安全管理、搞好接待服務、加強與

會者之間交流和聯繫，以及對會務和展務工作人員進行有效的監督、便於統計參加會展活動的人數等作用。

2.會展證件的種類

會展證件的種類繁多，主要有出席證、列席證、旁聽證、來賓證、參展證、布展證、撤展證、貿易觀眾證（又稱買家證）、記者證、工作證、車輛通行證等。

3.會展證件的格式

（1）會展活動名稱。證件上的會展活動名稱必須寫全稱。

（2）會徽。會展活動如有會徽，可將其印在證件上。

（3）姓名。即證件持有人的姓名。外國人寫外文姓名。

（4）照片。

（5）證件類別。根據持證人的身分、資格標明「出席證」、「列席證」、「工作證」、「布展證」等。要用較大的字號醒目標註。

（6）代表團或工作單位名稱。以國家或地區名義派出的代表團，寫國家或地區的名稱。單位代表寫單位名稱。以個人身分參加的，寫明其國籍。

（7）證件編號。為便於登記、查找和管理，證件應統一編號。參展證要標明展位號。

（8）日期。會議證件標明會議活動實際舉行的日期。一般置於會議名稱下方居中。參展證、布展證和施工證標明有效期。

（9）持證須知。為了加強證件管理，可以對持證人提出一些

要求，如「不得轉借」、「塗改無效」以及安全注意事項等，稱為「持證須知」或「注意事項」，印在證件的背面。

4.會展證件的式樣

　　會議證件的式樣通常設計成長方形的胸卡或襟牌，橫式、豎式均可，大小要適中，質地要牢固，能反覆多次使用。設計格調要與會議的性質和氣氛相適應。涉外會展活動的證件每個項目應用中文和外文兩種文字標註，中文在上，外文在下。不同種類的證件一定要採用不同的底色、字體、圖案等作明顯的區別，以便於識別和管理。

【會議證件參考式樣】

```
┌─────────────────────────────────────────┐
│        第二屆泛珠三角區域經貿洽談會         │
│           2005・7・14—17                   │
│                            ┌──────────┐   │
│         代 表 證           │   照     │   │
│                            │          │   │
│         姓名：             │   片     │   │
│                            └──────────┘   │
│                                           │
│  國家或地區：    工作單位：     編號：      │
└─────────────────────────────────────────┘
```

第七章　會展事務文案

第一節　會展工作計劃

一、會展工作計劃的含義

會展工作計劃是對會展工作預先作出打算和安排的文書，又可稱為綱要、規劃、方案、設想、意見、安排、工作要點等。會展策劃方案也屬於計劃的一種，但已在第三章中介紹，本章主要介紹一般會展工作計劃的寫作。

二、會展工作計劃的特點

一是具有明確的目標，即在一定時間內要完成什麼任務，達到什麼目的；二是具有很強的預見性；三是措施具有可行性；四是具有一定的約束力，不能隨便更改。

三、會展工作計劃的種類

會展工作計劃的種類很多，如按內容區分，可分為綜合會展工作計劃和專項（單項）會展工作計劃；按性質劃分，可分為展覽工作計劃、展銷工作計劃、會議工作計劃等；按期限劃分，可分為長遠工作計劃、年度計劃、季度計劃、月度計劃、日計劃等。

四、會展工作計劃的格式與寫法

會展工作計劃可以採用文字式、表格式或條目式。文字式會展工作計劃即以文字敘述來表達會展計劃的內容。表格式會展計劃即主要用表格來表達會展計劃的內容。條目式會展計劃即逐條列出會

展計劃內容，這種方式使用最為廣泛。文字式、表格式和條目式三種方式在會展中往往是綜合使用的。

一般較規範的會展工作計劃都由標題、正文和落款三部分組成。

（一）標題

標題由計劃單位、計劃時限、計劃事由和文種組成。基本樣式如《xx公司xx年xx計劃》。也有省略其中一、二項的標題，如《xx年會展協會工作計劃》《xx屆xx展覽會工作計劃》等。

（二）正文

正文一般由前言和主體兩部分組成。

1.前言

一般應簡要說明制訂計劃的指導思想、主要依據以及總目標或總任務。文字表達要高度概括。

2.主體

一般由目標、措施、步驟三部分組成，被稱為會展計劃的「三大要素」。首先要寫明規定時限內要完成的基本目標或基本任務，以及這些目標、任務在數量和質量上的要求。其次要寫明實現目標的措施與方法，如由誰或由什麼部門負責，用什麼方法完成。再次說明完成目標、任務要採取的步驟，先做什麼，後做什麼，具體有什麼要求。寫作這部分內容，措辭要準確簡明，層次要清楚，表述要具體明確。

（三）落款

包括制訂計劃的單位名稱和具體日期。

【條目式計劃例文】

第x屆國際xx展覽會參展籌備工作計劃

第x屆國際xx展覽會將於x年x月x日至x日在x國x市xx博覽中心舉辦，為做好本公司的參展籌備工作，按時完成各項任務，特制訂如下工作計劃。

一、x年x月x日之前（12個月前）

（1）從展覽的規模、時間、地點、專業程度、目標市場等各方面，綜合專家意見，確定全年參展計劃。

（2）與展覽主辦單位或代理公司進行聯繫並取得初步資料。

（3）選定展位。

（4）瞭解付款形式，考慮匯率波動，決定財務計劃。

二、x年x月x日之前（9個月前）

（1）設計展位結構。

（2）取得展覽主辦公司的設計批准。

（3）選擇並準備參展產品。

（4）與國外潛在客戶及目前顧客聯絡。

（5）製作展台宣傳資料和展品手冊。

三、x年x月x日之前（6個月前）

（1）利用廣告或郵件等進行推廣活動。

（2）確定赴x國參展的行程。

（3）支付展位及其他服務所需的預付款。

（4）複查本公司的展品宣傳手冊、傳單、新聞稿等，並準備翻譯。

（5）安排展覽期間翻譯員。

（6）向服務承包商及展覽組織單位訂購廣告促銷。

四、x年x月x日之前（3個月前）

（1）繼續追蹤產品推廣活動。

（2）最後確定參展樣品，並準備一批代表本公司產品品質及特色的樣品，貼上公司標籤，展出時贈送給索取樣品的客戶。

（3）最終確定展位結構的設計。

（4）設計好訪客回應處理的程序。

（5）培訓本公司參展員工。

（6）排定展覽期間的約談。

（7）安排展覽現場或場外的招待會。

（8）購買外匯。

五、x年x月x日之前（4天前）

（1）將運貨文件及各種宣傳資料放入公文包。

（2）搭乘飛機至目的地。

六、x年x月x日之前（3天前）

（1）抵達展覽舉辦地，飯店登記。

（2）視察展覽廳及場地。

（3）諮詢運輸商，確定所有運送物品的抵達情況。

（4）指示運輸承包商將物品運送至會場。

（5）聯絡所有現場服務承包商，確定一切準備工作就緒。

（6）與展覽組織代表聯絡，告知通訊方法。

（7）訪問當地顧客。

七、x年x月x日之前（2天前）

（1）確定所有物品運送完成。

（2）查看所訂設備及所有展會用品的可靠性及功能。

（3）布置展位。

（4）最後敲定所有的活動節目。

八、x年x月x日之前（1天前）

（1）對攤位架構、設備及用品作最後的檢查。

（2）將促銷用品發送至分配中心。

（3）與公司參展員工、翻譯員等進行展覽前的最後演練。

xx公司xx部

xx年xx月x日

【表格式計劃例文】

xx展覽會新聞工作計劃表

時　間	相　關　內　容
8個月前	（1）任命新聞負責人，或開始聯繫委託代理 （2）蒐集、整理、更新目標新聞媒體和人員名單
6個月前	（1）制訂新聞工作計畫 （2）準備、編印新聞材料
4個月前	開始新聞宣傳、發佈新聞
2個月前	（1）舉辦一次記者招待會，發佈展覽的基本消息 （2）將新產品情況提供給媒體 （3）安排展覽會期間的記者招待會，包括時間、地點、發言人、內容、議程等 （4）內容、議程等 （5）預訂展覽會新聞中心信箱 （6）拍攝產品照片
1個月前	（1）準備新聞資料袋 （2）向地區和地方報紙提供展出有關情況、資料 （3）邀請記者參加招待會、參觀展台
2星期前	（1）檢查展期新聞準備工作 （2）確定展會的新聞活動
1星期前	（1）向展覽新聞部門提供有新聞價值的專案、產品、重要活動等 （2）舉辦記者招待會

續表

時　間	相　關　內　容
展覽會之後	（1）蒐集媒體報導情況 （2）如果在展覽會期間對記者做過許諾（比如提供資訊、案例、安排、採訪等），一定要儘快予以辦理，或告知何時將辦理 （3）向未參加展會的記者寄資料袋 （4）向所有記者寄展台新聞工作報告 （5）迅速、充分的回答有關新聞報導引起的來信，與媒體保持聯繫

第二節　會議日程

一、會議日程的含義

會議日程是指把一次會議的全部活動項目和內容按天或上午、下午為單位時間作出的具體安排。會議日程不僅需要細化會議議程框架內的全部議題性活動，還要具體安排會議中的各項儀式性活動，如開幕式、閉幕式等，有時還應該包括報到、招待會、參觀、考察、娛樂、離會等輔助活動和工作環節。

二、會議日程的內容

會議日程的內容一般包括會議期間各項活動的時間、名稱、內容、主持人、參加對象、活動地點、活動要求（備註）等。

三、會議日程的結構和寫法

1.標題

由會議名稱加上「日程」或「日程安排」、「日程表」組成。

2.題注

會議日程可在標題下方註明舉辦的年份，如標題中已經顯示年份資訊或者落款處寫明制定年月日的，則可省去不寫。

3.正文

正文部分有兩種格式：

（1）表格式。表格式日程安排一般以上午、下午、晚上為單元，如有必要，也可利用中午和傍晚的時間。

（2）日期式。即按日期先後排列會議的各項活動，每項議程和活動名稱前標明序號或起止時間。

4.落款

一般由會議組織機構署名。

5.制定日期

寫明制定的具體日期。

【表格式會議日程實例】

××全國經銷商大會日程安排

日　期	時　間	活　動	地　點
2月7日	全　天	參會人員報到	本酒店
	11：30 – 13：30	午餐	本酒店餐廳
	17：30 – 20：30	晚餐	本酒店餐廳
2月8日	06：00 – 08：30	早餐	本酒店餐廳
	07：40 – 12：00	參觀工廠及產品	上海工廠
		乘坐磁懸浮列車	磁懸浮列車站
	10：30 – 14：50	午餐	各指定餐廳
	13：00 – 18：20	參觀工廠及產品	上海工廠
		乘坐磁懸浮列車	磁懸浮列車站
	18：00 – 20：00	晚餐	本酒店餐廳
2月9日	06：30 – 07：30	早餐	本酒店餐廳
	07：30 – 08：30	入會場	本酒店—光大會展中心中庭廣場
	08：30 – 11：15	經銷商會議	光大會展中心中庭廣場
	11：20 – 13：00	乘車移動	鷺發美食城
	13：30 – 14：30	宴會	鷺發美食城
	14：30 – 15：30	乘車移動	正大廣場—本酒店
	15：30 – 以後	自由活動（含晚餐）	酒店、購物區
2月10日	06：30 – 08：30	早餐	本酒店餐廳
	11：30 – 13：00	午餐	本酒店餐廳
	06：00 – 14：00	返程	本酒店—車站、機場

大會秘書處

xxxx年x月x日

第三節　會展簡報

一、簡報的含義和特點

（一）簡報的含義

簡報是用於彙報工作，反映和通報情況，交流經驗，指導工作

的一種內部材料。「動態」、「簡訊」、「情況反映」、「情況交流」、「內部參考」等都屬於簡報。簡報可用於向上級報告工作和業務情況，以便於上級瞭解下情，及時作出指示，指導工作；也可以用於平級之間，或對下級通報工作資訊，交流經驗，以利於推動工作。

（二）簡報的特點

簡報的特點，一是具有新聞性，要求內容準確新鮮，報導及時迅速，篇幅短小精悍，語言簡明扼要；二是內容僅限於本部門、本系統或本地區的情況和問題；三是閱讀對象有一定限制，一般只允許一定的組織內部人員閱讀，標有密級的簡報，閱讀範圍更有嚴格限定。

二、會展簡報的作用和種類

（一）會展簡報的作用

簡報由於文字簡短、靈活方便、反映迅速，在會展實際工作中起著不可忽視的重要作用。它便於及時準確地向上級領導反映情況，彙報工作，為上級機關進行正確決策提供保證。它便於上情下達，將上級領導的意圖傳達給各職能部門，達到部署指導工作的目的。它還便於加強職能部門之間的聯繫，促進相互瞭解，達到相互配合、協調工作的目的。

（二）會展簡報的種類

在會展中常用的簡報大致有四種類型：

1.日常工作簡報

工作簡報多用於彙報工作進展情況、工作動態、工作中的新問

題或新經驗，是以報導本單位的日常工作情況為主要內容的經常性簡報，一般須定期編發。

2.中心工作或重要工作簡報

它是圍繞某一階段的中心工作或某項重要工作而專門編發的簡報。其目的在於及時將該工作的進展情況、進程、成績、經驗等向上級反映，讓有關部門瞭解。這種簡報隨工作結束而結束。

3.會議簡報

它是大、中型重要會議的組織者或秘書處在會議進行期間連續編發的簡報，用以報導會議的目的、任務、議題、進程、決議、發言等。這種簡報可以是綜合性的，也可以專門就一件事或一個問題而編發。

4.商情簡報

它是以報導國內外市場資訊、經營動態、經貿政策、金融行情、客戶回饋等為主要內容的經常性簡報。

三、簡報的編排格式和寫作格式

（一）簡報的編排格式

簡報版面一般由報頭、正文、報尾三部分組成。

1.報頭

報頭居於首頁的上方，約占一頁版面的三分之一。報名居於報頭的中間位置。報名正下方標明順序號「第x期」。順序號下面左側寫編發單位，右側寫印發日期。報頭與正文之間，用一條橫線隔開。有的簡報還有編號和密級。編號即印數序號，在報名上面右側，密級在報名上面左側，標明「祕密」、「機密」或「內部文

件」。

2.報核

包括標題和正文。一般來說，一份簡報只宜登一份材料。

3.報尾

報核之後，有兩條通欄橫線將報尾框起來，在兩線之間註明「發送範圍」和「印發份數」兩項內容。

（二）簡報的寫作格式

1.標題

標題力求簡明、新穎、醒目，概括出正文的內容。常見的標題寫法有：揭示文章中心內容使讀者一目瞭然的「概括式」；提出問題，引起閱讀思考的「提問式」；用比喻或象徵性的說法，暗示文章主題的「形象式」；正題揭示文章的中心思想，副題強化標題含義，兩者互為補充的「正副式」等。

2.正文

正文是簡報的核心，包括導語、主體、結語三部分。

（1）導語。簡報的開頭部分。要求用一句話或一段話作為總括說明，或是概括全文的中心，或是寫出主要事實體現的結果，或是用議論的方法提出問題等。寫作時應做到開門見山，交代清楚，概括簡練。

（2）主體。簡報的主要部分，它緊接導語，要求用足夠的、典型的、富有說服力的材料把導語的內容加以具體化，主體要和導語相一致，絕對不能自相矛盾，跟導語「唱反調」。

寫好主體，是寫作簡報的關鍵。主體部分的內容，可以反映具體情況，可以介紹成績和經驗，也可以敘述具體做法，指出存在的問題，或幾項兼而有之。

在表達方式上主要採用敘述的方法。在層次的安排上，一般有兩種方式：一是縱式結構，即按事物發生、發展的先後順序來安排材料；二是橫式結構，即按事物的組成部分（或因果、或主次、或並列、或遞進等）來安排材料。

（3）結語。簡報的最後一句話或一段話為結語。好的結語能使讀者加深對全篇的感受，受到更多的啟發。結尾的寫法，多數簡要概括全文，以加深印象；也有的指出事物的發展趨勢，以引人關注；還有的提出今後的打算，發出號召，以推動工作。事情單一，篇幅短小的簡報，也可不寫結尾，主體部分將情況反映清楚就結束。

四、簡報的寫作要求

（一）內容真實

簡報所選用的材料必須是真實準確的。真實準確地反映情況是簡報的生命。尤其是反映商情的簡報，它所承載的資訊來源是多方面、多管道的，其中有一部分可能是不真實、不準確的，這就需要從大量的原始材料中篩選出真實的有參考價值的資訊，這樣才能為上級機關的正確決策提供保障，否則容易出現「誤導」，造成不應有的損失。

（二）採編及時

簡報擔負著隨時蒐集和反映不斷變化的現實情況的任務。因而只有迅速及時地反映情況，才能發揮簡報的作用。

（三）文字簡明

簡報，顧名思義要在「簡」字上下功夫。所報導的內容不求多求全，也不講究文字修飾，不過多分析議論，不說空話、套話，抓住事物的關鍵點，用簡潔有力的語言直截了當地表達出來，做到簡明扼要，言約義豐，短小精悍。

【簡報參考格式和例文】

外 貿 簡 報

第四期

xx省對外經濟貿易委員會　　　　　　　　xxxx年x月xx日

出口商品轉內銷 扭轉虧損見成效

xx市外貿出口商品內銷展會於6月26日閉幕，歷時20天。展銷期間，本市和外地12個省市共500多個批發部和企業單位應邀到會，與有關進出口分公司洽談了批發業務，成交額達xx萬元。有x萬餘名群眾進館參加選購，商品零售額達xx萬元。

批發商品成效較大的有絲綢進出口公司、服裝進出口公司、工藝品進出口公司、畜產品進出口公司、紡織品進出口公司。絲綢進出口公司成交xx萬元，其中綢緞xx萬元；服裝進出口公司成交xx萬元，其中僅棉布就占65%；工藝品進出口公司成交xx萬元，主要是陶瓷、檯布、晴雨傘、家具；畜產品進出口公司成交xx萬元；紡織品進出口公司成交xx萬元。5個公司成交額占總成交額的3/4。

零售商品銷售較大的有呢絨、綢緞、駝毛、絲棉被、真絲頭巾、床單、毛巾被、雞撕毛枕芯、陶瓷、草麻織品、氣壓式熱水瓶、影集、節日彩炮、裘皮、皮革製品、紅葡萄酒、壇裝加飯酒、

粉絲、綠豆等。

各進出口公司透過展銷，熟悉了市場行情，瞭解了消費者的需求，為今後做好出口商品轉內銷的工作積累了經驗。

報：xxxxx，xxxxx，xxxxxx。

送：xxxxx，xxxxx，xxxxxx。

（共印xx份）

第四節　會展調查表

一、會展調查表的含義

會展調查表是運用問卷的方式向參展商、客商和普通觀眾收集參加會展活動的意向、意見和要求的文書。調查表既是開展定量會展評估的主要方式，也是定性會展評估的主要資料來源。

二、會展調查表的種類

（一）針對參觀者的調查表

這類調查表用於展出期間組織專人對參觀者進行隨機抽樣調查，或者委託專業調查公司展開調查。

（二）針對參展者的調查表

這類調查一般針對全體參展者，調查結果對開展會展評估有很大價值，特別是參展者對組織者的工作評價和對貿易收穫的統計是評估最重要的內容。

（三）針對會展後續效果的調查表

由於展覽的成果更多體現在展覽之後，因此針對會展後續效果的調查就顯得十分必要。會展之後的調查表一般可以安排兩次，第一次安排在展覽會閉幕後第6週，第二次安排在展覽會閉幕後12個月。

三、會展調查表的格式和製作要求

（一）會展調查表的格式

1.標題

一般寫明調查的主題和文種（調查表或調查問卷）。

2.問卷說明

說明調查的目的、意義、用途、範圍、指標解釋、填寫須知，並感謝調查對象的合作。如涉及須為被調查者保密的內容，必須指明予以保密，不對外提供等，以消除被調查者的顧慮。

問卷說明也可以信函的形式出現，格式上有稱呼，也有落款。落款寫明調查的組織機構名稱和日期，較為簡易的調查表也可省去這部分。

3.主體

（1）主體部分的內容。包括被調查者的基本情況和調查問卷的主體內容兩部分。

基本情況即被調查者的一些主要特徵。如參展企業的名稱、地址、規模、所在國民經濟行業、職工人數等。具體列入多少項目，應根據調查目的、調查要求而定，並非多多益善。

調查問卷的主體內容是調查問卷中最重要的部分，直接影響整個會展調查的價值。由於採用問卷的形式，所以調查問卷的主體內

容應主要是根據調查目的提出調查的問題和可供選擇的答案。

（2）主體部分的形式。主要有開放式、封閉式、半開放式三種形式。

開放式是指對問題的回答不提供任何具體的答案，而由被調查人自由回答的調查問卷。使用開放式問卷的優點在於可以使調查得到比較符合被調查者實際的答案，缺點是有時意見比較分散，難以綜合。

封閉式是指答案已經確定，由調查者從中選擇答案的調查問卷。封閉式調查問卷的優點是便於綜合，缺點是有時答案可能包括不全。因此，使用封閉式調查問卷時，必須要把答案給全。封閉式問卷又可分為多項選擇型和等級排序型兩種。多項選擇型包括多項選擇題、判斷題以及其他給出明確選擇項讓答卷者選擇的問題。等級排序型即把對某些說法的認同度分成若干等級，這些等級可以用語言表述，如「非常滿意」、「滿意」、「不滿意」、「非常不滿意」，也可用分值表示。

半開放式是指給出部分答案（通常是主要的），而將未給出的答案或用其他一欄表示，或留以空格，由被調查者自行填寫。

（二）調查表製作的要求

（1）問卷中所有的題目都和研究目的相符合。

（2）問卷儘可能簡短，其長度只要足以獲得重要資料即可，問卷太長會影響填答。填答時間最好在30分鐘以內。

（3）問卷的題目要由一般性至特殊性，並具有邏輯性。

（4）問卷的指導語或填答說明要清楚，沒有歧義。

（5）問卷的編排格式要清楚，翻頁要順手，指示符號要明確，不致有瞻前顧後的麻煩。

【會展調查表例文1】

××展覽會參觀者調查表

尊敬的受訪者：

歡迎您參觀本屆展覽會。本項調查旨在瞭解參觀者對展覽會各項組織和服務工作的意見和建議，調查數據僅供主辦單位內部使用。謝謝您的大力支持。

××展覽會組委會

2005年9月28日

1.公司名稱：

2.參觀者姓名：

3.公司與展出者以前有無接觸

□有　　　□無

4.參觀目的

□貿易　　□投資　　□合作

□收集資訊　　□自薦代理　　□其他

5.參觀興趣

□全部產品　　□零配件　　□工業產品

□新產品　　□家用產品　　□特定產品

6.參觀感想

價格：□高　　　□適合

質量：□高　　　□一般

設計：□好　　　□一般

市場需求：□有　　　□無

建議：

7.從何處瞭解到展覽資訊

廣告：□媒體A　　　□媒體B

新聞：□媒體A　　　□媒體B

內部刊物：□媒體A　　　□媒體B

直接發函：

其他：

8.對展覽感受

時間：□合適　　　□不合適　　　□建議

地點：□合適　　　□不合適　　　□建議

宣傳：□適當　　　□不適當　　　□建議

設計：□適當　　　□不適當　　　□建議

展台人員：□表現好　　　□表現不好　　　□建議

其他意見、建議：

【會展調查表例文2】

世博會調查問卷

1.參展前準備

1.1貴國已於何時將參加世博會的決定通知了東道國政府？

_____年_____月_____日

1.2貴國已於何時開展了以下工作：

——為參展制定了初步預算框架及必要的金融措施？_____年_____月_____日

——確定參與面積？_____年_____月_____日

——創立展覽觀念/設計設施？_____年_____月_____日

1.3決定貴國參展規模的因素或理由是什麼？

_____

1.4在準備參展過程中，貴國在諸如最後參展決策、與組織者談判、確保必要的資金，以及規劃、設計和建造展館等方面遇到什麼問題？

_____

1.5貴國主管參展的政府部門名稱？

（若中央／聯邦政府和地方政府均有參與，請列出兩項）

_____

中央／聯邦政府辦公室：

_____

州政府辦公室：

_____

1.6主管實際參展動作的機構名稱是什麼？該機構是常設的還是臨時的？（請選擇一項）

□常設機構

□為世博會臨時成立的機構

該機構名稱：＿＿＿＿＿＿＿＿＿＿＿＿＿

2.參展的概念與策略

2.1貴國為參加本屆世博會選定了什麼主題或口號？

＿＿＿＿＿＿＿＿＿＿＿＿＿＿＿＿＿＿＿＿＿

2.2貴國參展的目的是什麼？在世博會上貴國著重強調了什麼？

＿＿＿＿＿＿＿＿＿＿＿＿＿＿＿＿＿＿＿＿＿

2.3世博會總主題在貴國的展覽中有所體現嗎？

□是的→貴國的展覽是如何反映、融合世博會的總主題？

＿＿＿＿＿＿＿＿＿＿＿＿＿＿＿＿＿＿＿＿＿

□不是

2.4貴國展廳中主要展品是什麼？

＿＿＿＿＿＿＿＿＿＿＿＿＿＿＿＿＿＿＿＿＿

2.5貴國展廳中是否曾舉辦過下列商業活動？

紀念品商店

餐廳

咖啡廳

如果有其他的，請列出（並說明）：

_____

3.參展的規模和決定因素

3.1貴國從組織者處獲得到了多少基本（或總的）空間？_____平方公尺

3.2貴國曾使用的占地面積為多少（包括夾層）？_____平方公尺

3.3貴國決定參展規模大小的依據是什麼（以空間衡量）？

_____

4.文化活動

4.1在世博會上貴國文化活動的焦點是什麼？

_____

4.2貴國有沒有組織作為正式參展國的文化活動計劃（例如，在國家日）？

_____

4.3貴國推出了什麼文化項目？（請逐項打勾）

□音樂會

□傳統舞蹈

□其他傳統的表演藝術

□實驗藝術

□若有其他的，請列出（請予以說明）：

4.4除了文化活動之外，貴國還舉辦了什麼節目來促進文化、商務及技術交流活動？

☐研究會

☐討論會

☐其他（請予以說明）：

4.5除了上述活動外，貴國為了促進與參觀者和主辦世博會機構之間的友誼，開展了什麼活動？（請描述三項主要活動）

1）＿＿＿＿＿＿＿＿＿＿＿＿＿＿＿＿＿＿＿＿

2）＿＿＿＿＿＿＿＿＿＿＿＿＿＿＿＿＿＿＿＿

3）＿＿＿＿＿＿＿＿＿＿＿＿＿＿＿＿＿＿＿＿

5.開支

請以貴國貨幣及美元形式提供付款時的資金量。

5.1參展所需的資金總額是多少？

（請將私人讚助商提供實物的現金估價包含在內）

貴國貨幣：

＿＿＿＿＿＿＿＿＿＿＿＿＿＿＿＿＿＿＿＿＿（貨幣單位：

＿＿＿＿）美元：＿＿＿＿＿＿＿＿＿＿＿＿＿＿＿＿

5.2如何籌措該筆費用？（按資金來源細分）

（請將讚助商提供實物的現金估價填寫在其他資金欄內）

——中央政府資金＿＿＿＿％

——地方政府資金＿＿＿＿％

——其他資金＿＿＿＿＿%

5.3資金如何分配？（按用途細分，填寫大致百分比）

——展館的設計與建造＿＿＿＿＿%

（包括概念設計、建築設計、建築管理、建造及/或展館骨架租金、拆除費等）

——展品的設計與生產＿＿＿＿＿%

（包括展品的設計、生產及/或租金、海外和/或陸路運輸和通關、現場準備工作等）

——開展文化活動＿＿＿＿＿%

（包括文化節目、研討會、其他教育與娛樂節目等）

——展館營運＿＿＿＿＿%

（包括以下開支：人員、通訊、營銷及公共關係，諸如水電公用事業費、清潔費、工作人員制服、其他展館營運成本等）

——其他＿＿＿＿＿%

6.特別待遇

貴國從組織方曾獲得下列提供給發展中國家的任何特別待遇嗎？

（倘若答案為「是」，請勾出貴國所獲得的待遇）

——下列開支的現金補償：

展品生產

貴國展品及其他材料的來回運輸費用

展館代表團與工作人員的旅行開支

展館工作人員的餐飲住宿費

若有其他開支，請列出（請予以說明）：

———

——實物補助：

展館場地的租金

現場的安裝與準備工作

提供展館工作人員/指導人員

（電力、燃氣和供水等公用事業）

展覽場地的貨物儲存與運輸

提供家具與展台等

餐飲住宿

無須支付權利金的展館商店和／或餐廳經營

用於商業活動的額外特許區域分配

其他特別補償（請予以說明）：

———

7.展館代表與工作人員配備（人員情況）

多少展館代表與其他工作人員參加？

（請按下列各分類提供真實數字）

——包括展館主任在內的各副總代表

——展館官員與秘書（包括短期行政人員）

——展館導遊與服務員

——安全、維護人員等

總數

8.參展的影響評估

8.1在貴國參加世博會的最終報告中，以下列指標衡量，評估參展影響：

——貴國的最初參展目標是否實現？　　□是　　□否

——導致此次參展成功/失敗的關鍵因素是什麼？

_____

——參觀者對貴國展館反應如何？

積極方面：_____

消極方面：_____

——對貴國文化活動的反應如何？

_____

——貴國與東道國（或主辦城市）進行何種交流？

_____

——參加世博會的其他積極與消極影響是什麼？

積極方面：_____

消極方面：_____

8.2貴國如何評價參展的影響或效力？

□對展館參觀者的調查

□主辦者的考察／調查

□媒體的披露／報導

□貴國的專業評估隊伍

□其他評估方式（請予以說明）

9.官方代表

9.1貴國參展代表團的總代表是誰？

姓名：＿＿＿＿＿＿＿＿＿＿＿＿＿＿＿＿＿

頭銜：＿＿＿＿＿＿＿＿＿＿＿＿＿＿＿＿＿

組織：＿＿＿＿＿＿＿＿＿＿＿＿＿＿＿＿＿

9.2請說明參加國際日活動的貴方政府代表團負責人是誰？

姓名：＿＿＿＿＿＿＿＿＿＿＿＿＿＿＿＿＿

頭銜：＿＿＿＿＿＿＿＿＿＿＿＿＿＿＿＿＿

組織：＿＿＿＿＿＿＿＿＿＿＿＿＿＿＿＿＿

10.聯繫方式

若我方對貴國答卷存有疑問，應與何人聯繫？

姓名：＿＿＿＿＿＿＿＿＿＿＿＿＿＿＿＿＿

頭銜：＿＿＿＿＿＿＿＿＿＿＿＿＿＿＿＿＿

組織：＿＿＿＿＿＿＿＿＿＿＿＿＿＿＿＿＿

地址：＿＿＿＿＿＿＿＿＿＿＿＿＿＿＿＿＿＿＿

電話：＿＿＿＿＿＿＿＿＿＿＿＿＿＿＿＿＿＿＿

傳真：＿＿＿＿＿＿＿＿＿＿＿＿＿＿＿＿＿＿＿

非常感謝貴方的合作。

請將貴國答卷於1994年4月底前寄往下述地址：（略）

第五節　會展評估報告與總結

一、會展評估報告與總結的作用

　　會展評估和總結工作是會展工作的組成部分，是經營和管理循環過程的一個終結工作，也是承上啟下的環節。評估和總結的主要作用是發現問題和總結經驗，為進一步提高工作效率和效益提供條件。因此，應當重視做好評估總結工作，並將結果應用到經營和管理工作中。

二、會展評估報告

（一）會展評估報告的種類

1.展覽工作評估

　　展覽工作評估的內容比較廣泛，包括籌備工作和展台工作兩大類。

　　籌備工作評估是對展覽環境以及展覽籌辦工作的評估，屬於展覽後台工作評估，這一部分工作在展覽會結束時完成。

　　展台工作評估是對展覽前台工作的評估，這一部分比較複雜，

應先在展覽會結束時針對展台進行評估，然後在展覽的後續工作過程中，追蹤評估。具體內容包括：展出目標的評估、展台的評估、展台人員的評估、設計工作的評估、展品工作的評估、宣傳工作的評估、管理工作的評估、開支的評估、展覽記憶率評估等。

2.展覽效果評估

具體內容包括：展台效果優異評估、成本效益比評估、成交利潤評估、成交評估、接待客戶評估、調研評估、競爭評估、宣傳與公關評估等。其中成交評估的內容一般有：銷售目標是否達到，成交筆數多少，實際成交額、意向成交額、與新客戶成交額、與老客戶成交額、新產品成交額、老產品成交額、展覽期間成交額、預計後續成交額等等，這些數據可以交叉統計計算。

（二）評估標準系列表

評估工作一般分制定標準、收集數據、分析情況、得出結論幾個步驟。由於評估標準是評估工作的基礎和前提條件，所以下面談談如何制定評估標準系列表。

1.評估標準的製作格式

（1）標題。寫明評估的展會名稱或項目名稱和文種（評估標準、評估體系）。

（2）正文。列出各項評估的指標項目和具體內容。

【會展評估標準參考例文】

xx展覽會展出評估標準

項　　目	具　體　內　容
1.展覽會	1.1 時間、地點 1.2 性質、內容、規模 1.3 參觀者數量、品質 1.4 展出者數量、品質
2.展覽工作	2.1 籌備工作 2.2 籌備管理 2.3 籌備人員表現 2.4 展品、運輸 2.5 設計、施工 2.6 宣傳、公關 2.7 行政、財務

續表

項　　目	具　體　內　容
	2.8 展台管理 2.9 展台人員表現 2.10 接待觀眾 2.11 推銷產品 2.12 洽談貿易 2.13 記錄 2.14 市場調查
3.後續工作	3.1 展覽工作 3.2 貿易工作
4.展覽成果	3.3 整體成效 3.4 宣傳效果 3.5 接待成果 3.6 成交結果

　　參展者應該根據自己的需要和條件確定評估範圍，分清評估內容的主次。如果展出目標是推銷，那麼就以成交額、建立新客戶關係數等作為主要評估標準；如果展出目標是宣傳，那麼就以接待參觀者人數、資料發放數、廣告涵蓋面等作為主要的評估標準。

　　2.評估標準制定的要求

（1）明確。首先，應當明確展出的宗旨；其次，應當明確實際的目標和評估的標準。目標明確有利於有效地投入力量，安排工作，進行評估。

（2）客觀。有些展出者好高騖遠或謹小慎微，制定出不合理或不客觀的展出目標，評估標準也因此定得過高或過低。顯然這都是脫離客觀實際的主觀意願。

（3）量化。不少展覽工作和成果是非定量的。但是，其中一些是可以具體量化為可衡量的標準的。比如，從吸引參觀者注意到實際成效是一個過程，不好衡量。但是，將這一過程分解為一系列具體的環節，就可以具體化為可衡量評估標準，如下圖：

量化評估標準

·路過但是未走進展台，卻觀看了展示的參觀者數量	
·走進展台的參觀者數量	
·索取、拿取樣本的參觀者數量	

續表

·索取樣品的參觀者數量	
·進行實質性貿易洽談的參觀者數量	
·簽訂意向合約的參觀者數量	
·簽訂實際合約的數量	

（4）協調。集體展出有多個展出者，展出者之間和展出者與組織者之間的目標應該協調而不應該衝突；一個展出者可能有幾個展出目標，這些目標也應該協調而不應該矛盾。

（5）統一。選擇評估標準時既要考慮長遠又要慎重，一旦選定評估標準系統，就不要輕易更改，堅持連續使用，以使評估標準更具衡量價值，使評估結果更為準確。

（三）評估報告的結構

1.標題

寫明評估項目的名稱和「評估報告」。

2.正文

展覽評估報告的正文有兩種形式，一種是文章式，即採用文字敘述輔之以表格和數據的引證，內容較多時可列小標題分別加以敘述。另一種是以一系列統計數據數字為主，輔之以文字陳述。

評比結果的表述可以是一組最終結果的數據，也可以是採取數據對比的方式，即按所制定的評估標準排列評估內容，同時排列預定數（比如預算額、成交目標額等）和實際數（比如實際開支額、實際成交額等），有些情況下還排列出超額或超額比例。

3.評估機構

可以是會展主辦單位本身，也可以是專業評估公司。

4.提交日期

【德國某博覽會評估報告參考格式】

××展覽會數據

1.基本情況

工業分類：＿＿＿＿＿＿＿＿＿＿＿＿＿＿＿＿＿＿＿＿

主要產品種類：

＿＿＿＿＿＿＿＿＿＿＿＿＿＿＿＿＿＿

費用標準：＿＿＿＿＿＿＿＿＿＿＿＿＿＿＿＿＿＿＿＿

性質：_____

日期：_____

時間：_____

門票價格：_____

申請參展截止期：

_____

2.展出總面積

_____

3.參觀者統計分析

總數：_____

地區分布：（國內和國外）

_____

行業分布：_____

決定權：全權_____%　建議_____%　部分_____%　無權_____%

職位：業主_____%　董事、總經理_____%　部門經理_____%

僱員_____%　實習、學徒_____%　其他_____%

職權：管理_____%　訂貨_____%　銷售_____%　研究、開發、設計_____%

生產、組織_____%　財務_____%　行政、人事_____%　培

訓_____%

運輸、倉儲_____%　維修_____%　其他_____%

參觀次數：第一次_____%　上一屆_____%　上兩屆_____%　上三屆_____%

公司規模：1—9人_____%　10—49人_____%　50—99人_____%　100—199人_____%　200—299人_____%　500—999人_____%　1000—9999人_____%　10000以上_____%

參觀時間：一天_____%　兩天_____%　三天_____%　四天_____%　平均天_____%

每天參觀人數比例：第一天_____%　第二天_____%　第三天_____%　第四天_____%

三、會展總結

（一）會展總結的含義、作用和種類

1.會展總結的含義

會展總結是對一定時期內的會展工作實踐或已完成的某一專項會展工作進行全面系統的回顧、分析、檢查和研究，找出成績，發現問題，總結經驗教訓，揭示事物的客觀規律，以指導今後的會展工作的一種文書。

2.會展總結的作用

會展總結的作用是統計整理工作資料，研究分析已做工作，為未來工作提供數據、資料、經驗和建議，從而提高經營和管理水平。

3.會展總結的種類

會展總結有兩類：一類是綜合性會展工作總結，另一類是專題性單項會展總結。前者比較全面地介紹一個部門，一個單位在一定時期內的會展工作情況，內容全面，涉及面很廣；後者是就某一具體會展工作所做的總結，內容集中，重點突出。

（二）會展總結報告的內容

1.會展概況

包括會展名稱、日期、地點、規模、性質、內容、參觀者數量和質量、展出者數量和質量、展覽活動、展覽整體效果和評估結果等。

2.市場和競爭對手情況

包括數量、展台面積、展示內容、展示活動、展示方式、成果和評估結果等。

3.展台情況

包括展出目的和目標、內容、展館面積和位置、評估結果等。

4.展覽工作

包括整體組織和管理工作、展品和運輸、設計和施工、宣傳和廣告、公關和交際、行政和後勤、展台人員的素質及表現、評估結果等。

5.展覽成果

成交額分類統計、接待客戶數及分類統計、宣傳效果和評估結果等。

6.總結

經驗和教訓、改進意見和建議等。

（三）會展總結的格式

1.標題

一般綜合性會展工作總結的標題包括單位名稱、期限和總結的類別；專題性單項會展總結的標題則比較靈活，有的概括總結的內容範圍，有的歸納中心、揭示主題。

2.正文

正文的基本內容一般有五個要素，即基本情況、成績收穫、經驗體會（包括正反兩方面）、缺點或存在問題，今後的打算或努力方向。簡要地說，總結寫的是會展「做了什麼」和會展「做得怎樣」。當然，並非每一份總結都必須包括這五個方面的內容，可以根據總結的中心有所側重，有所省略，但經驗（或教訓）與體會是不能缺少的。

在結構安排上，開頭寫會展的基本情況，用敘述的方法簡要地介紹對象、背景，也可簡要地點出全文的主旨，使讀者對整篇總結有一個全局性的概念。主體部分是會展總結的主要內容，要依次寫成績收穫、經驗（或教訓）體會、缺點或存在的問題。最後寫今後的打算和努力方向。

3.署名和日期

如果署名在標題中或標題下面已經出現，則只寫會展總結的日期。

（四）會展總結的寫作要求

1.實事求是

寫會展總結必須從實際出發，實事求是地反映情況，恰如其分地評價會展工作。有什麼成績和經驗，就總結什麼成績和經驗，不誇大；有什麼問題和缺點，就揭示什麼問題和缺點，不縮小。

2.找出規律性的東西

會展總結的關鍵是要找出規律性的東西，即會展工作的基本經驗。總結的目的就是從過去的會展工作中找出規律性的東西，用以指導今後的會展工作。如果總結的內容只是羅列現象的「流水帳」，沒有對大量的原始材料進行認真分析研究，沒有把膚淺的、零散的感性認識上升到理性認識，從而得出經驗教訓，那就失去了會展總結的意義。

3.用典型材料說明問題

寫會展總結不僅要找出規律性的東西，而且要紮紮實實地進行說明，這就必須要有充足的事實、數據，選擇典型材料，即最具代表性的最能反映事物（問題）本質的材料。不加選擇地堆砌材料，是會展總結寫作的大忌。

4.語言簡明、準確

語言要簡潔，對事實的敘述要簡要概括，切忌華麗鋪陳和描繪。語言要力求準確，對會展工作的回顧和總結要客觀、公允。不能用「可能」、「差不多」、「基本上」、「大概」等模棱兩可的語言。

【會展總結例文】

xx展覽會總結

　　××展覽會於8月28～9月3日在××展覽中心舉行。上海組織農業展團參展，這也是上海農業首次在歐洲地區參展。此次參展由××、××聯合主辦，××展覽有限公司具體承辦。市農工商集團、種業集團，××等區縣農業部門，以及34家農業龍頭企業參加，400餘種產品參展。

　　這次××展覽會中國上海館有三個明顯的特點：

　　一是規格高。××等××國高官出席了開幕式，中國駐××國大使××專程從首都××趕來出席開幕式。中國××展團團長××作為17個參展國的唯一代表被邀上主席台共同主持開幕式。出席開幕式的××國高官和中國駐××國使館商務參贊在開幕式後參觀了上海展館，對上海參展的用高新技術設備生產的凍乾蔬菜類食品、烘乾類食品、速溶類方便湯食品、高品質食用菌產品、休閒食品和利用組培技術培養的花卉、種苗等展品產生了濃厚的興趣。××國總理看到××蔬菜公司的各類優質蔬菜樣品後，說這樣的蔬菜進其國內市場肯定大受歡迎。他品嚐了××調味品廠生產的醬菜後大為讚賞。

　　二是觀眾多。××是個只有2萬人口的小鎮，但到展覽會的歐洲各國和××國的觀眾、客商達10萬人。據一個展位的不完全統計，這個展位前，每分鐘少則10人，多則50多人逗留盤桓。觀眾絕大部分都是遠道而來，花70克朗（約合人民幣20多元）排長隊買入場券。××集團公司、××集團有限公司、××有限公司等展位前擠滿了觀眾，圍成幾圈。人們一邊參觀，一邊品嚐，紛紛要求購買展品。因這次展覽會原定只展不賣，但拗不過觀眾的要求，只得在展期的最後一天出售展品，所有展品全部被搶購一空，甚至連花卉組培苗的樣本也被購完。

　　三是影響大。上海農業首次在歐洲地區展覽，由於精心準備，

產生了轟動效應。首先，展品嚴格把關。對參展的展品進行嚴格挑選，好中選好、優中選優。確實能代表上海農業的水平；其次是全部實物展出。與國外一些展團只展出一些圖片相比，上海的實物展出非常出彩，給觀眾眼睛一亮的感覺。第三是精心布展。我公司設計布置的中國展館中紅燈籠、同心結高掛，烘托出濃烈的中國民族特色；白玉蘭和浦江兩岸夜景巨幅照片光彩奪目，上海的標誌非常明顯；每個展位的布置既有特色又講究整體和諧，許多參觀者在上海館前攝影留念。媒體紛紛稱讚中國上海館是本次展覽會最漂亮、人氣最旺的展館。

第四是注重參展人員的素養。參展人員都經過嚴格的外事紀律和禮儀禮貌培訓，當地媒體讚揚「中國人表現出了出色的商務能力和禮儀風貌」。

本次參展取得了三項成果：

一是參展期間歐盟客商與上海展團達成商貿、技術、生產、農產品加工等合作意向共39個，金額數千萬美元。僅xx綠色食品有限公司，就與波蘭、德國、捷克、斯洛伐克、義大利、俄羅斯6國達成了250萬噸、價值500萬美元的草莓、小蔥、胡蘿蔔、桑果、青花菜和凍乾農產品的銷售意向。其中一家總部在義大利米蘭的跨國公司表示如有現貨，可立即下訂單。xx集團的大米、茶葉、花卉等引起了客商的極大興趣，有15家企業欲與xx集團進行進一步洽談，購買產品和開展合作生產。被稱為「中國黑蛋」的xx公司無鉛皮蛋受到青睞，有公司主動提出要求做xx國的總代理。上海的食用菌被歐洲市場看好，不少公司提出與上海方開展合作生產、總代理、技術輸出等各種方式的合作。

二是透過參展瞭解了歐洲農產品市場，增強了開拓歐洲市場的

信心。上海農產品在歐洲受到如此熱烈的歡迎是從未想到的。透過參展，看到了上海農業走創匯農業道路的前景和發展空間。特別是××國這樣的東歐國家，由於過去「國際大家庭」的影響，產業發展不平衡，特別是蔬菜很少，很稀罕。雖然××本國只有1200萬人口，但每年的歐洲遊客就有1億人次，蔬菜、水果等食用農產品的需求量很大，是上海農業可以一展鴻圖的地方。

三是看到了上海農產品的不足。上海的農產品品質好、味道美，在展覽會上有口皆碑。但在具體洽談貿易事務時，外商對包裝提出了許多要求和建議，說明上海農產品的包裝還存在不少問題，需要按國際標準改進，與國際接軌。

上海××展覽有限公司 出展考察部

××××年9月5日

第六節　貿易報關文書

一、報關概述

報關是指進出口貨物收發貨人、進出境運輸工具的負責人、進出境物品的所有人或者他們的代理人向海關辦理貨物、物品或者運輸工具進出境手續及相關海關事務的過程。

報關單位指在海關註冊登記或已經獲海關批准，向海關辦理進出口貨物報關納稅等海關事務的境內法人或其他組織。

報關活動相關人是指經營海關監管倉儲業務的企業、保稅監管的加工企業、轉關運輸貨物的境內承運人等。

報關員是指經海關註冊，代表所屬企業（單位）向海關辦理進

出口貨物報關納稅等海關事務的人員。

二、報關文書

（一）進口貨物報關單

進口貨物報關單是指在進口貨物到貨後，由進口貨物的單位根據進口單據填具後向海關申報的一種表格。進口貨物報關單由中國海關總署統一印製，具有統一格式，要嚴格按照海關的要求填寫。

【進口貨物報關單】

中華人民共和國海關進口貨物報關單

預錄入編號：　　　　　　　　　　　　　　　海關編號：

進口海關	備案號		進口日期		申報日期
經營單位	運輸方式		運輸工具名稱		提運單號
收貨單位	貿易方式		徵免性質		徵稅比例
許可證號	起運國(地區)		裝貨港		境內目的地
批准文號	成交方式	運費		保費	雜費
合同協議書	件數	包裝種類		毛重(千克)	淨重(千克)
集裝箱號	隨附單據		用途		
標記嘜碼及備註					

項號	商品編號	商品名稱	規格型號	數量及單位	原產國(地區)	單價	總價	幣制	徵免

稅費徵收情況

錄入員　　錄入單位	茲聲明以上申報無訛並承擔法律責任	海關審單批註及放行日期(簽章)
報關員 申報單位(簽章) 單位地址 郵遞區號　　電話　　　　　　填製日期		審單　　　審價 徵稅　　　統計 查驗　　　放行

（二）出口貨物報關單

出口貨物報關單是指經營出口貨物的單位在申請出口貨物時根據出口單證所填具的一種表格。出口貨物報關單由海關總署統一印製，具有統一的格式，要嚴格按照海關的要求填寫。

【出口貨物報關單】

中華人民共和國海關出口貨物報關單

預錄入編號：   海關編號：

出口海關	備案號		出口日期	申報日期
經營單位	運輸方式		運輸工具名稱	提運單號
發貨單位	貿易方式		徵免性質	徵稅比例
許可證號	運抵國(地區)		指運港	境內目的地
批准文號	成交方式	運費	保費	雜費
合約協議書	件數	包裝種類	毛重(千克)	淨重(千克)
集裝箱號	隨附單據			生產廠商

標記噴碼及備註

項號	商品編號	商品名稱、規格型號	數量及單位	最終目的國(地區)	單價	總價	幣制	徵免

稅費徵收情況

錄入員　錄入單位	茲聲明以上申報無訛並承擔法律責任	海關審單批註及放行日期(簽章)
報關員 申報單位(簽章) 單位地址 郵遞區號　電話　　　　　　填製日期		審單　　　　審價
		徵稅　　　　統計
		查驗　　　　放行

第八章　會展財務文案

第一節　會展財務文案概述

一、會展企業財務管理的含義

會展企業財務管理是指會展企業遵循客觀經濟規律，根據國家計劃和政策，透過對會展企業資金的籌集、運用和分配進行管理，從而利用貨幣價值形式對會展企業的經營活動進行綜合性管理的過程。

二、會展企業財務管理的內容

會展企業財務工作的內容一般包括籌資管理、投資管理、營業收入和利潤管理、成本費用管理、財務預算、財務分析等內容。企業財務管理將預算制度、成本控制、現金管理作為最主要的內容。

三、會展企業財務管理涉及的文書

會展企業財務行為涉及的文書首先包括財務預算文書、經濟活動分析報告、財務狀況說明書和評價書、財務分析報告；其次是投資文書，主要有借款擔保書、借款財產抵押合約、金融租賃申請書、股票承銷協議書和企業兼併協議書等。

第二節　財務預算文書

一、預計財務報表

　　預計財務報表是財務管理的重要工具，包括預計損益表和預計資產負債表等。

　　預計財務報表主要是為企業財務管理服務，它是控制企業資金、成本和利潤總量的重要手段。因其可以從總體上反映一定時期企業經營的全局情況，通常被稱為企業的「總預算」。

　　（一）預計損益表

　　編制預計損益表的目的是瞭解企業預期的贏利水平。如果預期利潤與最初編制方針中的目標利潤有較大的不一致，就需要調整預算。

　　預計損益表的格式如下：

　　（1）標題。寫明適用範圍、預計時限和文種。

　　（2）正文。採用表格的形式，列出預計損益的各項指標。

　　【預計損益表例文】

××××展覽公司2014年度預計損益表　　單位：元

銷售收入	126000
銷貨成本	56700
毛利	69300
銷售及管理費用	20000
利息	550
利潤總額	48750
所得稅	16000
稅後淨收益	32750

　　（二）預計資產負債表

　　預計資產負債表能反映預算期末的財務狀況。該表是利用本期

期初資產負債表，根據銷售、生產、資本等預算的有關數據加以調整編制的。

　　編制預計資產負債表的目的，在於判斷預算反映出的財務狀況的穩定性和流動性。如果透過預計資產負債表的分析，發現某些財務比率不佳，必要時可修改有關預算，以改善財務狀況。

　　預計資產負債表的格式與預計損益表相同。

【預計資產負債表例文】

××××展覽公司2014年度預計資產負債表　　　單位：元

資　產			權　益		
項目	年初	年末	項目	年初	年末
現金	8000	11440	應付帳款	2350	4640
應收帳款	6200	14400	長期借款	9000	9000
直接材料	1500	2000	普通股	20000	20000
製成品	900	1800	未分配盈餘	16250	33000
土地	15000	15000	—	—	—
房屋及設備	20000	30000	—	—	—
累計折舊	4000	8000	—	—	—
資產總額	47600	66640	權益總額	47600	66640

第三節　經濟活動分析報告

一、經濟活動分析報告的含義與作用

（一）經濟活動分析報告的含義

　　經濟活動分析報告是以計劃指標為出發點，以各種經濟核算資料和調查研究情況為基礎，運用科學的方法，對企業經濟活動的全部或部分過程、結果，進行分析研究，評價成敗得失，探討其中原

因，提出改進方法的一種文種，簡稱「經濟活動分析」，又稱「××狀況分析」、「××情況說明書」等。

（二）經濟活動分析報告的作用

1.資訊回饋

經濟活動分析報告可以將經濟活動的各項數據以及收集到的意見和建議及時回饋給有關單位和人員，從而促進工作。

2.加強管理

經濟活動分析報告提供的資訊，有助於企業的各級領導和廣大員工及時瞭解本單位當前經濟活動所存在的問題，從而引起注意和重視，及時調整決策，加強管理。

3.宏觀指導

經濟活動分析不僅企業要做，企業相關的管理部門（如計委、經委、財稅、銀行、物價審計等機關）也要做，它們對企業的經濟活動加以分析是出於政府宏觀調控的需要，而企業的經濟活動分析則為政府瞭解社會經濟發展狀況提供了依據。

二、經濟活動分析報告的種類

按分析對象分，有工業經濟活動分析、商業經濟活動分析、交通運輸業經濟活動分析、農業經濟活動分析等。

按分析者分，有經濟管理部門做的指導性的經濟活動分析和基層經濟單位做的彙報性的經濟活動分析。基層單位又有專業的分析和群眾的分析之分。

按時間分，有定期的和不定期的。定期的，一般是月分析和年度分析，有的是週分析、旬分析、季度分析；不定期的一般是有關

職能部門針對特殊情況或特殊需要而做的。

按功能分，有過程控制分析、總結分析和預測分析。過程控制分析又叫事中分析，是在生產經營活動進行過程中進行的一種「從原因控制結果」的方法；總結分析又叫事後分析，是生產經營活動結束或者告一段落時做的分析，是一種「從結果分析原因」的方法，實踐中用的最多且定期進行的經營活動分析就屬於總結分析；預測分析又叫事前分析，是對將要開展的生產經營活動可能產生的利弊所做的分析，是一種「從原因分析結果」的方法。經濟活動分析中的預測分析不同於經濟預測（市場預測）報告，它是以本企業為分析的對象，以計劃期為分析的時限，而經濟預測報告則不受這些限制。

從內容分，有綜合分析、專題分析和簡要分析。反映本單位生產經營情況全貌、對若干主要因素做了分析的就叫綜合（全面）分析；針對本單位某一方面或某一問題加以分析的叫專題（單項）分析；針對某一部分的經濟活動進行簡要概括的分析屬於簡要分析。

三、經濟活動分析的內容和格式

（一）經濟活動分析的內容

經濟活動分析是從經濟管理的角度來分析生產經營活動是否正常、成敗如何及其原因，以及下一步怎麼辦等為宗旨的。構成經濟活動的因素，總的來說不外乎人、財、物和產、供、銷，而這一切又是透過各項技術經濟指標體現出來的。不同的經濟部門和單位有不同的業務內容，因而一切經濟活動分析都把效益分析作為核心，這是共同的；但是不同行業和不同任務的分析報告，各自分析哪些因素和以什麼為重點又是有區別的。例如，工業企業的經濟活動分析注重生產（產量、質量、銷售）、成本、利潤、資金等指標；商

業企業的經濟活動分析注重流轉（購進、銷售、儲存）、資金（占用額、周轉天數）、費用（流通費用、費用率）、利潤等指標。

（二）經濟活動分析的格式

1.標題

一般應表明分析針對的單位、分析的時限、範圍、內容性質和文種，例如《上海××展覽公司××××年一季度至三季度財務三項指標完成情況分析報告》。

2.正文

一般應包括概況、分析、意見三部分。

概況部分的任務是提出問題，把分析期經濟運行的基本情況以及所要分析的問題概要地擺出來，通常用幾個經濟活動實際的代表性統計數字來表述，以簡表的形式，必要時還可簡述有關背景情況。

分析部分是報告的主體，要運用科學方法解剖現實情況（一般著重在若干重要的指標），深入分析現象形成的原因以及不同因素的影響程度。一般說，發現問題後，應把找差距、找原因作為分析的重點。這個部分是分析報告的核心，要花大力氣，用大部分篇幅來寫。

意見，或稱建議，是指提出解決問題的方法。經濟活動分析的功能主要是在總結既往工作的基礎上對下一步（計劃期的下一階段或下一計劃期）工作指出方向，而不是為分析而分析。分析者所提出的意見或建議，應該有鮮明的針對性、具體性和實踐指導性。

經濟活動分析的書面形式，是以指標數據為表述的核心，同時

也要用文字展現單純數字無法表達的情況，是一種數字和文字有機組合的文書。

經濟活動分析報告正文有兩種結構方式：

（1）文章式。文章式寫法一般分為開頭、主體、結尾三部分。概況部分為開頭，分析部分為主體，意見部分為結尾。在文章式結構裡，數據和文字的結構也有不同的方式。一種是融合式，即不孤立地列舉數字，而將數據根據文章主題的需要，分別穿插其間，使文字、數字融為一體。這種寫法思路清晰，分析透徹。另一種是分列式，即集中引用數據，集中加以說明，或全部列出主要數據，然後用文字分項加以分析說明，或邊列舉部分數據邊做分析，最後再附以完整詳細的統計表。這種寫法比較具體詳細，能夠如實地反映出企業生產經營的原貌。

對若干重要指標（如資金、成本、利潤、費用等）的重點分析，也有兩種處理方法：一種是綜合分析，即對取得的成果，包括銷售增長、利潤增加、費用降低等因素，進行總體分析，從全局的觀點來分析客觀有利條件，以及主觀的積極因素；另一種是分項分析，即根據企業的業務性質和分析的要求，確定幾個主要的分析指標，如流動資金運用情況、商品流通費支出情況、利潤實現情況等，分別地羅列出具體情況，並分別地針對上列情況予以分析和說明。

（2）表格式。即把某些定期或常用的分析設計成固定的表格，以使經濟活動分析趨於規範化和統一化。這些表格既可以填寫數字，又可以反映數量增減的因素及影響程度，並且設有文字分析說明的欄目，提示應該分析說明的方面。固定的表格也有一定的侷限性，常常是僅填寫數字而不寫分析說明意見，故不能取代文章式

的分析。

3.落款

寫明編制的機構名稱。

4.日期

寫明提交的日期。

四、經濟活動分析的方法

經濟活動分析的方法中最基本的是比較法，作進一步分析時常用因素分析法，還有平衡分析法、比率分析法、分組分析法、動態分析法、結構分析法、時空分析法等。以下僅以比較法、因素分析法為例。

（一）比較法

比較法又稱「對比法」、「指標對比法」、「對比分析法」。它是將兩個以上具有可比性的數字加以對比，從而顯示此事物與彼事物的聯繫和差異，突顯問題，為進一步查明原因、設法改進提供依據，指出方向。

比較是為了找差距，挖潛力，通常在以下三個方面進行對比：

1.實際指標與計劃指標對比

這種比較有助於檢查計劃執行情況，顯示問題的所在，找出分析的方向。

2.現在（實際）和過去（同期）對比

「同期」有時指上年同期，如今年的一季度對比去年的一季度；有時指同年的上期，如今年的二季度對比今年的一季度；偶爾

還將分析期與本單位同期的歷史最高水平相比。這種比較有助於揭示發展變化的方向和趨勢，反映內部蘊藏的潛力。

3.本單位指標與先進單位指標對比

既可以與國內同行業先進水平對比，也可以與國際上一般水平或先進水平對比。

運用比較法要注意可比性，即對比的項目具有時間、範圍、內容、計算方法的一致性。

（二）因素分析法

因素分析法能查明某一指標變動是由哪幾個因素造成的，並計算各因素的影響程度。它主要包括簡單因素分析法、連鎖替代法和連鎖替代法的簡化形式——差額計算法。連鎖替代法又叫連環替代法、順序式因素分析法。計算的時候，先把影響某一指標變動的諸因素排好順序，然後依次一個一個因素替代，以確定各因素變動所造成的影響數。

五、經濟活動分析報告寫作要求

（一）注意微觀分析和宏觀分析的統一

經濟活動分析報告寫作既要從微觀入手，立足本單位經濟活動的基本情況，又要從宏觀著眼，將本單位的經濟活動放在整個宏觀經濟的背景中加以分析，這樣才能認清形勢，預見未來。

（二）注意死材料與活情況的結合

經濟活動分析固然是以會計核算、統計核算等帳面數據為依據進行分析的，但又不能僅僅簡單羅列這些數據，應當注意死材料與活情況的結合，帳面數據與帳外情況的互補。

（三）注意反映全貌與突出重點的關係

經濟活動分析報告要客觀地、全面地反映情況和分析問題，防止先定調子、投領導或有關主管部門所好、報喜不報憂、只講客觀因素不講主觀因素等傾向。要注意突出重點，抓主要矛盾和矛盾的主要方面。

（四）注意數據和文字的有機結合

經濟活動分析報告主要是定量分析，應當靠數據說話。不僅反映情況是用數據表述的，分析原因也要有具體的數據，這樣不同因素對差異指標的影響程度才能顯示出來。同時，也應當注意經濟活動分析又不同於純客觀地記錄和反映生產經營活動的各種報表，它是用以檢查、總結、指導工作的，所以必須做到數據與文字說明的有機統一。當然，文字說明要力求條理清楚，簡明扼要，通俗易懂。

第四節　財務狀況說明書和評價書

一、財務狀況說明書

（一）財務狀況說明書的含義和作用

財務狀況說明書是在財務狀況各種變動報表的數據基礎上提煉而成，以簡明的文字集中反映企事業單位在一定期間內（通常是年度）資金來源、用途及去向，綜合反映企事業單位財務狀況的變化、資金流轉的過程，表明企事業單位經營、運作好壞的文書。

財務狀況說明書的作用有：

（1）向信貸機構、投資者、企事業單位的管理者提供一定時間內財務狀況變化的全貌，包括資金從哪裡取得，經過運營用到哪裡去，資金運營過程所發生的增減變動、盈餘狀況等。

（2）反映各種經濟業務對資金運轉的影響，從而可以揭示資金增減變化的原因，系統地描述企事業單位在一定時間內的重要財務事項。

（3）充當溝通各種主要財務報表的橋梁。財務狀況說明書要綜合各種主要財務報表的數據進行歸納說明，因而具有全面性。尤其是損益表、資產負債表的溝通，可以較好地反映經營中獲得的現金及償還或支出的數額，收支情況得到充分說明。從而進一步為企事業單位決策者提供一定時期內本單位財務的重要資訊，使其瞭解財務的實力，為今後的經營決策提供重要的參考。

（二）財務狀況說明書的格式

1.標題

一般寫明針對的單位、說明的時限、說明的內容性質和文種——「說明書」。

2.正文

正文包括前言、主體和結尾。

（1）前言。前言部分要簡要說明：①財務年度；②財務資金主要來源；③經營的基本方針；④財務狀況的主要變化趨勢。這些內容的敘述要十分簡明，不必詳細展開論述。財務狀況的主要變化趨勢，往往與上一年度的財務作比較，或與過去作比較，得出新變化的結論。

（2）主體。主體部分的內容較豐富，但並非完全一致，大體上有如下幾個方面：①利潤情況分析說明。指增加的營業收入，包括淨增加值、產值利潤率、銷售收入利潤率、營業內和營業外的收入等；②產品成本分析說明；③資金分析說明。包括定額資金、流動資金使用情況說明等；④專用基金的收支說明；⑤各種費用支出的總體說明，即虧損情況的說明，包括主要稅費的繳納情況。

這些方面的文字說明要與各種數據相結合，透過對數據引述、對比，反映出財務狀況的變化。

（3）結尾。財務狀況的結尾說明必須帶有結論性，如概括地指出本年度經濟效益增加或下滑的原因，並對今後的經營發展提出看法。

3.落款

寫明編制機構的名稱。

4.日期

寫明提交的日期。

（三）財務狀況說明書的寫作要求

（1）數據引述要準確、真實，不可錯亂、虛假。

（2）文字說明要簡明，不可發揮、議論。

（3）條理分明，採用條目式，分條說明。

【財務狀況說明書例文】

××飯店2004年度財務狀況說明書

2004年，本店經營情況良好，營業收入微升，費用略增，贏利

超過往年，取得了較好的經營成果。

（一）飯店營業額已達到615萬，比上年的598萬元增加了17萬元，增長2.84%。日平均營業額由上年的16383元增加到16849元，是本市日平均營業額最高的飯店。我店營業收入能夠保持不衰的主要原因是：

1.高、中、低檔菜餚俱全，適應了不同消費者的不同需求。

2.菜餚具有本地海味的特殊風格和魯、京、滬菜的不同風味，各有特色，能吸引顧客。

3.設施齊全，服務熱情周到。因此，本店職工人數雖少，但營業額卻高於同類的大型飯店。

（二）本年毛利達到273萬元，比上年的257.7萬元增加15.3萬元，增長5.9%。毛利率則由上年的43.1%上升到44.39%，提高1.29%。毛利率上升，主要是因中級菜餚和毛利較高的風味主食品種銷售數量增加所致。

（三）飯店費用總額為126萬元，比上年實際支付的121.1萬元多支出4.9萬元，增長了4.9%。費用率由去年的20.25%上升到20.49%，提高0.24%。費用率上升的原因，主要是職工工資、補貼、資金和修理費增加。

（四）本年飯店利潤總額達到115萬元，比去年的110萬元增加了5萬元，增長了4.5%。利潤率由上年的18.39%上升到18.7%，提高0.31%。按本店職工131人計算，人均年創利額達到9829元，較去年8397元增加了1432元。利潤總額和人均年創利額，在全市大型飯店中也是最高的。

　　xx飯店

2004年×月×日

二、財務評價書

（一）財務評價書的含義

財務評價書是把財務報表所反映的資訊，以更為簡明易懂的方式表現出來，使管理者能透過正確評價各種經營成果，發現企事業單位經營管理的成功、有效的方面，找出薄弱環節的一種文書。財務評價書也具有預測未來發展趨勢的作用。

（二）財務評價的方法

財務評價的方法以比率分析評價和趨勢分析評價為主，同時結合其他方法，如：

1.比率（靜態）分析評價和趨勢（動態）分析評價相結合。

2.數量（金額）分析評價和結構（比例）分析評價相結合。

3.贏利能力分析評價和財務狀況分析評價相結合。

4.歷史分析評價和未來預測分析評價相結合。

（三）財務評價書的寫作格式

1.標題

一般寫明被評價的單位、評價的時限、評價的內容性質和文種——「評價書」。

2.正文

正文包括前言、主體和結尾。

（1）前言。簡要說明本年度財務與過去年度相比較的總體評

價。

（2）主體。財務評價書的中心部分，以文字說明和財務年度對比表相結合，展示財務評價的觀點。任何財務的評價，必須透過不同年度財務數據的比較來展現，然後在數據的基礎上，用文字說明、歸納評價的觀點。文字說明是評價的結論。

財務評價的中心內容具有一定的財會專業性，它透過不同財務年度的比較，從中得出來本年度與過去年度不同財務項目的比率。通常，財務評價的比率項目有如下幾項：①營業利潤率；②資本金利潤率；③資產淨利率；④資產負債率。

對財務發展趨勢的評價，主要圍繞贏利能力分析評價和償債能力分析評價兩個方面。

（3）結尾。一般的財務評價書不用寫結尾。但是，也有一些評價書寫結尾，有的分析原因，有的對今後發展發表意見。

3.落款

寫明編制機構的名稱。

4.日期

寫明提交的日期。

（四）財務評價書寫作的注意事項

（1）財務評價具較強的專業性，它以數據比較為基礎，利用文字說明、歸納評價的觀點。

（2）財務評價觀點的文字表達要中肯、鮮明、不可含糊。

（3）措辭要準確、精煉，不要用模棱兩可的詞句，不要發

揮、議論。

第五節 財務分析報告

一、財務分析報告的含義及作用

（一）財務分析報告的含義

財務分析報告是指財務獨立的企事業單位，定期或不定期地向國家有關部門及各有關方面提供財務收支狀況和經營成果的書面文件。它是財務部門透過一系列會計處理程序匯成若干會計報表，提供各種財務收支情況，並在此基礎上，經過認真分析、概括、提煉而編寫成的具有說明性和結論性的文書。

財務分析報告、財務狀況說明書、財務評價書是三種具有不同特點的財務報告。財務分析報告重在分析、探究財務變化的原因；財務狀況說明書重在說明；財務評價書重在評價、預測。

（二）財務分析報告的作用

（1）向國家有關經濟管理部門提供便於其進行宏觀調控、監督、管理所需要的財務資訊。

（2）向投資者提供進行投資決策和監督所必需的財務資訊。

（3）向企事業管理者提供改善經營管理所需的財務依據。

二、財務分析報告的類型

（一）按結構組成分

（1）只用文字和數據說明的財務分析報告，不附加財務報表。這種報告以文字闡述為主，全文用文字闡發作者對各種財務狀

況的分析、判斷和觀點，無須財務報表作補充。

（2）文字、數據說明和若干財務報表共同組成的財務分析報告。這種財務分析報告雖然以文字說明為主，但是也以若干財務報表作補充。其所補充的財務報表，根據報告內容的需要進行選擇。如損益表、財務狀況變動表、資產負債表、利潤分配表等。

（二）按中心內容分

1.綜合分析報告

根據單位的各種會計報表和有關的資料，對資金來源、資金運用、利潤、費用、成本、經營的盈虧等情況，進行全面的、綜合的分析。按時間長短不同可分為季度、半年、全年的綜合分析報告。

2.簡要分析報告

這是圍繞單位財務運行中的若干主要問題，有重點地進行分析。一般為短期報告，是月末、季末的財務分析。

3.對比分析報告

一般指業務主管部門對所屬各企事業單位的某些財務指標，採用分別對比方式，進行考察分析，以便發現各單位經營的差距、財務運行的不同，從而找出差距原因。

4.典型分析報告

對完成經濟指標較好或較差的典型單位，有針對性地對其財務運行管理進行分析、研究，探究其經營先進的原因，或落後的原因，以便從中總結經驗，或從中汲取教訓，推動工作。

5.專題分析報告

對財務活動中某些專題進行重點的調查和分析。如對流動資金占用情況的專題分析報告，對銀行貸款使用情況的專題分析報告。

三、財務分析報告的寫作

（一）財務分析報告的寫作格式

1.標題

一般寫明單位名稱、時限、事由、文種。如：《北京xx展覽公司2000年度財務分析報告》。有時也可省略單位名稱和時限。

2.正文

財務分析報告正文，包括三個層次：

（1）開頭。扼要介紹財務的基本情況，財務活動的期限，取得的主要成績或存在的重要問題，為下文展開分析作引導。這一部分要給人對報告有一個總體印象，所以要簡明，要突出重點。

（2）主體。這是財務分析報告的中心部分，即全文的重點所在。它要對財務狀況分別列項進行分析，然後從中總結成功的經驗和失敗的教訓。

分析財務變化的原因，尤其是影響財務指標、利潤增減、資金結構的變動等，要認真、深入地分析，要分清主觀原因和客觀原因，內部原因和外部原因的不同，並進一步指出哪種原因是重要的，哪種原因是次要的。在分析中，還要透過數據，聯繫財務活動的實際情況，進行歸結、綜合的分析，揭示事物的實質。

一份全面性財務分析，其財務情況須包含如下幾項分析內容：①財務指標完成情況分析；②財務盈虧和利潤分配情況分析；③資金增減和周轉情況分析；④資金結構及變動情況分析；⑤主要納稅

情況分析；⑥財產損耗情況分析；⑦其他必要情況的說明。

非全面性的財務情況分析，可根據需要選擇其中的項目。其中心重點項目可以各不相同。

（3）結尾。報告的結尾必須有針對性地提出今後應努力改進或提高的方向，根據存在的問題，提出改進的建議。這部分要簡明、具體，不要空發議論。

（二）財務分析報告的寫作要求

（1）要有精確的數據和量化分析。各種財務數據要精確，其數據來源必須真實可靠，不可有虛假；計算要反覆核實；數據既有舊的，也有新的，應以新的數據為主。

（2）要深入分析，突出關鍵問題。

（3）分析判斷的觀點要鮮明，敘述文字要簡要。

第九章 會展合約和協議文案

第一節 合約和協議概述

一、合約

（一）合約的含義和特徵

中國合約法規定：「合約是平等主體的自然人、法人以及其他組織之間設立、變更、終止民事權利義務關係的協議。」可見，一般意義上的合約是雙方或多方當事人為從事一定的經濟活動或身分活動而訂立的一種法律文書。這種法律文書以設立、變更或終止一定的民事關係為目的，是民事、經濟活動中最常見最典型的一種法律行為。

合約的主要特徵如下：

1.合約主體的平等性

合約各方當事人的法律地位都是平等的，其設立、變更或終止合約權利義務關係的行為都必須以各方的平等協商、意見一致為前提條件。這種平等性主要體現為合約雙方享有民事權利和承擔民事義務的資格是平等的，任何一方當事人在訂立合約時都要受到法律約束，不得享有特權，不得將自己的意志強加於對方之上，不得用脅迫或欺詐等手段訂立合約。

2.合約訂立的自願性

合約的訂立必須以各方的自願同意為條件，任何單位或個人不

得非法干涉。

3.合約形式的多樣性

當事人訂立合約有書面形式、口頭形式和其他形式，但應儘量採取書面形式。

4.合約成立的合法性

合約的成立必須合法，只有合法成立的合約才對當事人有法律約束力。合約的法律約束力具體表現為：

（1）合約當事人自合約成立起就必須接受合約的約束，按照合約約定全面履行自己的義務，同時也有權要求對方當事人履行合約義務。

（2）任何一方當事人不得擅自變更或者解除合約，否則可能構成違約行為，即使情況發生變化，需要變更或者解除合約，也應該協商解決。

（3）除不可抗力等法律規定的情況以外，當事人不履行合約義務或者履行合約義務不符合約定的，要承擔違約責任。

（4）合約書是解決當事人合約糾紛的依據，當事人發生糾紛時，應當按照合約約定協商解決，也可以向仲裁機關申請仲裁或向人民法院起訴。

（二）合約的種類

根據性質的不同，可以將合約分為財產性合約、身分性合約和勞動合約；根據合約當事人雙方權利、義務的分擔方式，合約可以分為雙務合約和單務合約；根據訂立合約的方式不同，合約可以分為明示合約和默示合約；根據合約成立是否以交付標的物為要件，

可以將合約分為諾成性合約和實踐性合約；根據當事人取得權利有無代價，可將合約分為有償合約和無償合約。

另外，合約還可以分為口頭合約和書面合約、為訂約人自己訂立的合約和為第三人利益訂立的合約、主合約和從合約（不依賴其他合約存在的是主合約，以其他合約存在為前提的合約是從合約，如擔保合約）、有名合約和無名合約（根據法律上有無規定名稱的分類）等。

（三）合約的內容

合約的內容由當事人約定，它是對合約當事人權利義務的具體規定，其條款因事而異。但是，一般而言，合約包括以下主要條款：

1.當事人的名稱或者姓名和住所

合約主體包括自然人、法人和其他組織。自然人的姓名是指經戶籍登記管理機關核准登記的正式用名，其住所是指其長期生活和活動的主要處所；法人或其他組織的名稱是指經登記主管機關核准登記的名稱，如公司營業執照上的名稱；法人或其他組織的住所是指其主要辦事機構的所在地。

2.標的

標的也就是合約權利義務關係指向的對象。標的可以是實物或者貨幣，也可以是行為，還可以是智力成果等。

3.數量

數量是指明合約對象在量的方面的計量標準和結果，是衡量合約各方當事人權利義務大小的尺度。一般而言，以物為標的的合

約，其數量表現為一定的長度、體積或者重量；以行為為標的的合約，其數量表現為一定的工作量；以智力成果為標的的合約，其數量則主要表現為智力成果的多少、價值。

4.質量

質量是由合約對象的內在素質、性能、功用和價值等組成的，它是檢驗標的內在素質和外觀形態優劣的標誌。國家對質量規定了許多標準，當事人也可以自行約定質量標準。

5.價款或報酬

價款是指在以物或者貨幣為標的的有償合約中取得利益的一方當事人作為取得利益的代價而應當向對方支付的金錢。如會展業務中買賣合約的價金、租賃合約的租金。報酬是指在以行為為標的的有償合約中取得利益的一方當事人作為取得該利益的代價而應當向對方支付的金錢。價款或報酬一般包括單價和總價兩部分。結算方式和支付方式也是價款或報酬總條款的組成部分，它指明的是以現金方式還是以銀行方式結算，是透過匯票、本票、支票等票據方式進行，還是透過托收匯兌等方式進行。

6.履行期限、地點和方式

履行期限是指當事人履行合約和接受履行的時間。履行期限有履行期日和履行期間兩種，其中履行期日是不可分的或視為不可分的特定時間，履行期間則是一個時間區間，有始期和終期之分。根據履行期限的不同，合約履行可分為即時履行、定時履行和分期履行三種。履行地點是指合約各方當事人履行合約或者接受履行的地方，它有時是確定標的驗收地點的依據，有時是確定運輸費用或風險承擔主體的依據，有時又是確定標的物所有權轉移的依據。履行

方式是指當事人履行合約和接受履行的方式，即實施行為方式、交貨方式、驗收方式、付款方式、結算方式等。

7.違約責任

違約責任是指合約當事人不履行合約義務或者履行合約義務不符合約定時應當向對方承擔的民事責任，它具有保障性和懲罰性雙重特徵。當事人一般可以約定違約金、違約損害賠償金額等的計算方式，作為違約責任條款。

8.解決爭議的方法

解決爭議的方法是指合約當事人解決合約糾紛的手段、地點。解決合約糾紛的手段包括仲裁、訴訟；地點則是有關仲裁、管轄機關的地點。合約各方當事人可以在合約中約定解決糾紛的方式，如果沒有約定，也可以透過訴訟途徑解決。

上述條款只是合約在一般情況下應當具備的，並不是指每一個合約都必須或者只能具備以上的所有條款才可成立。在訂立合約時，當事人各方要根據具體情況儘量做到周全、詳實、完備、無懈可擊。

二、協議

嚴格意義上說，協議就是合約。但在實踐中人們往往習慣將有名合約稱為「合約」，而將無名合約稱為「協議」。有名合約是法律上作了明確的規定並賦予一個特定名稱的合約，又叫「典型合約」。無名合約則是法律沒作明文規定的合約。從這一角度去理解，協議與合約還是有一定區別的。其主要區別表現為：

（一）適用範圍不同

當事人之間凡涉及合約法和其他法律規定的合約以外的事項，均可以用協議的形式設立、變更、終止雙方的民事權利和義務。可見協議的適用範圍比合約更為廣泛。

（二）效力賦予不同

一般而言，協議的效力賦予側重於雙方合意，其當事人所承擔的義務更多地體現為約定義務。合約的效力賦予更多地來自於法律，其當事人所承擔的義務體現為法定義務。

第二節　會展業務合約

一、會展業務合約的概念和特點

會展業務合約有廣義和狹義之分。廣義的會展業務合約是指所有圍繞會展業務而依法訂立的各種合約的總稱，其主體包括會展主辦、承辦、協辦、贊助、參展、觀展單位或個人。狹義的會展業務合約主要是指會展主辦或承辦單位與租賃會場、展館等，或者與供貨商、銷售商洽談業務時依法所訂立的設立、變更、終止各方民事權利義務關係的一種書面合約或契約。

會展業務合約除了一般合約具有的共性外，其個性特點表現為：

（一）主體的特定性

會展業務合約的各方當事人均是與會展有某種聯繫的公民、法人或其他組織。如會展主辦單位、會展承辦單位、會展贊助商、會展參加者、會展服務者、會展消費者等。狹義的會展業務合約其當事人一方必須是會展主辦或承辦單位。

（二）內容的財產性

會展分營利性會展和非營利性會展，無論哪種會展，其涉及的業務合約都具有財產性。也就是說，會展業務合約的目的和內容是特定的經濟利益和經濟關係。

（三）標的物的專門性

會展業務合約權利義務指向的對象是專一的，它僅僅是指涉及會展的商品、行為或智力成果等。

（四）形式的固定性

會展業務合約的訂立應當採用書面形式，以更好地規範當事人之間的權利義務關係，得到法律的有效保護。

二、會展業務合約的種類

（一）會展租賃合約

會展業務中的租賃合約，主要是會展承辦單位為會議、展覽的舉辦而租賃會場、展館或租賃會展用品時，依法與相關方訂立的，旨在設立民事權利義務關係的契約。其具有以下特徵：

1.以轉移財產使用權為目的

在會展業務中，往往涉及會場、展館、櫃面、會展用品等的使用問題。當會展承辦單位需要使用或需要向參展商提供相應服務時，就必須採取租賃的形式。由一方將會場、展館、櫃面、會展用品等使用權在一定時期內轉讓，而另一方支付相應的租金。

2.屬於雙務合約

會展租賃合約中的出租人負擔讓承租人對租賃物進行使用、收

益的義務，而承租人則負擔支付租金的義務。他們各自的義務也就是對方的權利。所以，會展租賃合約屬於雙務合約。

3.承租人獲得物權性質的租賃權和先買權

具體表現為：第一，在會展租賃合約存續期間，出租人不得將該租賃物再出租給第三人；第二，出租人在會展租賃合約存續期間出售租賃物的，其行為不得影響租賃合約的效力。所謂先買權，則是指出租人出賣其出租物時，在同等條件下，承租人有優先購買的權利。

（二）會展買賣合約

會展業務中的買賣合約主要是指參展商（即供應商）將其參展產品的所有權轉移給銷售商或普通消費者時，依法訂立的由銷售商或消費者支付價款的合約。

會展買賣合約具有以下特徵：

（1）標的物是參展的物、技術或行為。

（2）屬於雙方有償合約。買賣雙方在協商一致後，買受人有取得該轉讓物物權的權利，出賣人有移交該轉讓物物權的義務。

（3）是雙務合約。供貨商必須將財產所有權轉移，銷售商必須向供貨商支付價款。

（三）會展運輸合約

會展運輸合約是指會展承辦單位在代辦參展物品運輸業務或組織與會、參展人員外出活動時，與承運人依法訂立的旨在設立民事權利義務關係的合約。

以運輸工具的不同為劃分標準，會展運輸合約可分為公路運輸

合約、鐵路運輸合約、航空運輸合約、水上運輸合約四大類；以運輸對象的不同為劃分標準，會展運輸合約可分為旅客運輸合約、貨物運輸合約兩大類；以運輸方式的不同為劃分標準，會展運輸合約又可分為單一運輸合約、聯合運輸合約兩種。

（四）會展承攬合約

會展承攬合約是指會展承辦單位在辦理會展業務時，將相關會場、展館的工程建設、展台搭建、會展宣傳廣告印刷等工作交由其他單位或個人完成，並按約定給付報酬的契約。在此類合約中，會展承辦單位為定做人，接受會展業務工作的其他單位或個人為承攬人。會展承攬合約主要有會場、展館的承建合約，展台搭建、維修合約，展會廣告印刷合約、複製合約等。

會展承攬合約具有如下特點：（1）會展承攬合約為雙務、有償合約。（2）會展承攬合約的一方，即定做人為會展承辦單位。（3）該合約承攬人承攬的工作均與會展有關。

（五）會展倉儲合約

倉儲合約是由儲存人提供場所，便於存放人存放貨物、物品，倉儲管理人只收取倉儲費和勞務費的勞務合約。會展倉儲合約則是指參展商為存放參展物品，依法與儲存人訂立的合約。會展倉儲合約的特點如下：

（1）以保管人向參展商提供倉儲保管服務為合約標的，即保管人為參展商儲存參展物品。儲存包括兩個方面：一是堆藏參展物品，二是保管參展物品。

（2）保管人必須以倉庫為堆藏參展物品的設備。

（3）參展物品必須是動產。

（4）保管人必須是以倉儲保管業務為其營業的人。

（5）該合約為雙務、有償合約。

（六）會展供用電、水、氣、熱力合約

會展供用電、水、氣、熱力合約，是會展承辦單位為了確保會展期間的電、水、氣、熱力供應，而依法與供電、供水、供氣、供熱力部門訂立的一種買賣協議。其特點是：

（1）合約一方當事人為會展承辦單位，另一方是有供電、供水、供氣、供熱力能力的單位。

（2）這種合約是有嚴格計劃性的合約。

（3）從法律性質上看，它屬於特殊的買賣合約。

除上述合約外，會展業務中還涉及委託合約、代理合約等，由於篇幅關係，在此不一一介紹。

三、會展業務合約的條款

會展業務合約的主要條款應當包括前述一般合約的主要條款，同時還要根據會展業務合約的不同性質，載明具體條款。

（一）會展租賃合約的主要條款

（1）租賃物的名稱，即會展租賃合約的標的，可以是動產，也可以是不動產，但必須是法律允許自由流通的、在合約終止時能夠原物返還的特定物和非易耗物。

（2）租賃物的數量。

（3）租賃物的用途。租賃物的用途是會展租賃合約中非常重要的條款，如果承租人沒有按照約定用途使用承租物的，出租人可

以解除合約，並要求承租人賠償損失。

（4）租賃期限。租賃期限是會展租賃合約的主要條款之一，雙方可以約定，也可以不約定。

（5）租金及其支付的期限、方式。

（6）租賃物維修等條款。

（7）其他條款（指前述各條件未涉及的內容）。

（二）會展買賣合約的主要條款

（1）標的物的名稱、品質、數量及包裝方式。

（2）標的物價格、金額、貨幣及價格術語。

（3）價款支付方式、時間、地點。

（4）標的物交付的方式、時間、地點。

（5）標的物的保險及運輸方式。

（6）檢驗標準和方法。

（7）結算方式。

（8）其他條款。

（三）會展運輸合約的主要條款

（1）貨物的名稱、規格、數量、價款。

（2）包裝要求。

（3）貨物起運地點及到達地點。

（4）貨物承運日期及到達日期。

（5）運輸質量及安全要求。

（6）貨物裝卸責任和方法。

（7）收貨人領取貨物及驗收辦法。

（8）運輸費用及結算方式。

（9）託運方的權利、義務。

（10）承運方的權利、義務。

（11）收貨人的權利、義務。

（12）託運方責任。

（13）承運方責任。

（14）其他條款。

（四）會展承攬合約的主要條款

（1）委託的標的物的全稱。

（2）標的物的數量、質量、包裝、加工方法。

（3）標的物製作的原材料的質量、規格、數量及檢驗方法、計量單位。

（4）製作的價款、酬金及計算的依據、方法。

（5）合約履行的地點、期限、方式。

（6）工作成果質量、性能、技術要求、指標及檢驗方法。

（7）報酬的支付及支付的方式。

（8）其他條款。

（五）會展倉儲合約的主要條款

（1）倉儲物的品名或品類。

（2）倉儲物的數量、質量包裝。

（3）倉儲物驗收的內容、標準、方法、時間及驗收人的資質條件。

（4）倉儲物保管條件的要求。

（5）倉儲物入庫、出庫的手續以及時間、地點、運輸方式。

（6）倉儲物自然損耗的標準和對損耗的具體處理辦法。

（7）倉儲物計費的項目、標準、計算方法。

（8）倉儲物結算的方式。

（9）倉儲物合約的有效期限。

（10）倉儲物合約的變更、解除。

（11）損害賠償責任的具體劃分。

（12）其他條款。

（六）會展供用電、水、氣、熱力合約的主要條款

根據具體提供的能源的不同，此類會展業務合約的條款也不盡相同。以供用電合約為例，其主要條款有：

（1）供電方式、供電質量和供電時間。

（2）用電容量和用電地址、用電性質。

（3）計量方式和電價、電費結算方式。

（4）供用電設施維護責任的劃分。

（5）合約的有效期限。

（6）雙方共同認為應當約定的其他條款。

四、會展業務合約的結構

書面合約分為標準合約書和非標準合約書兩種。標準合約書是由一方當事人預先擬訂的合約條款，對方當事人只能夠表示全部同意或不同意；非標準合約書則是合約條款完全由各方當事人協商一致。

會展業務合約書的結構主要包括三個部分：即首部、正文和尾部。

（一）首部

1.標題

寫明合約的性質和文種，如「展館租賃合約」。

2.當事人的名稱或者姓名和住所

為便於下文表述，當事人名稱或者姓名後面可以用括號說明其簡稱。簡稱可以是「甲方」和「乙方」，也可以是「主辦方」、「參展方」，「供方」、「需方」等。當事人的住所以及帳號、通訊方式可寫在各自的名稱或姓名下方，也可以寫在尾部。

（二）正文

1.開頭

寫明合約訂立的依據、目的、雙方是否自願訂立等內容。

2.主體

可採用分章分條（內容簡單的不設章，採用條款法）或用數字序號標註層次等方法，具體表述合約的各項條款，要求做到全面周到、條理清楚、語言嚴謹。

3.其他條款

包括合約的書寫文字及其效力（用於涉外合約）、合約生效的條件、有效期限、合約文本數量及保存方式等條款。

（三）尾部

尾部是落款部分，由合約各方當事人（或代表）簽名並加蓋公章，寫明合約訂立的時間。當事人的法定住所、帳號和通訊方式也可寫在各方簽署的下面。

會展合約如有附件，應在正文下方、簽名之上標註附件的名稱和序號。

五、會展業務合約訂立和寫作的要求

1.合約主體資格要合格

訂立會展業務合約的當事人應當具有相應的民事權利能力和民事行為能力。對於一些特別的會展業務合約，法律對其主體資格還有進一步的規定，如商品展銷會的舉辦單位和參展經營者必須具有合法的經營資格。

2.合約內容必須合法

在訂立會展業務合約時，對每一個條款都要認真審查，核實其是否有違反法律的內容，是否尊重社會公德。

3.合約條款要具體、明確、全面

會展業務合約的條款必須具體、明確、全面，能使當事人各方清楚瞭解彼此的權利、義務，儘量減少糾紛。

4.合約手續齊全

合約手續是否齊全、合法，直接關係到合約能否生效。在訂立會展業務合約時，要嚴格檢查對方簽字人的權限，一般應當由當事人的法人代表或自然人親自簽字。法人代表或自然人因故不能親自簽字時，可以委託其他人簽字，但必須向對方提交由法人代表或自然人親自簽署的委託書。

5.文字準確、規範、通俗

準確，就是文字要真實反映合約各方的意思，不發生歧義。規範，就是字、詞、句、標點符號等必須符合國家對文字方面的有關規定。通俗，就是要大家能夠看懂，避免用詞高深莫測，不知所云。

【合約例文】

2003xx房地產交易會參展合約

甲方（主辦方）：xx市土地房產交易中心

乙方（參展商）：

一、參展商基本情況

單位地址：＿＿＿＿＿＿＿＿＿＿＿郵遞區號：＿＿＿＿＿＿＿＿＿

法人代表：＿＿＿＿＿＿＿＿＿＿參展聯繫人：＿＿＿＿＿＿＿＿＿電子信箱：＿＿＿＿＿＿＿＿＿電話：＿＿＿＿＿＿＿＿＿手機：＿＿＿＿＿＿＿＿＿傳真：

_____參展項目：_____

預售證號：_____預售證號：

_____預售證號：_____

（房地產參展項目凡符合組委會規定者可安排進入大會看樓路線，最多3位）

二、展位及廣告訂購

（1）乙方確定參加「2003xx房地產交易會」，並租用展位：□A館　□B館展位____個，展位號：____；現場展位號____（為方便參觀者，組委會在現場所使用的展位號）；單價：人民幣____元；合計：人民幣____元，大寫：____拾____萬____仟____佰____拾____元整；

（2）乙方在確定展位後5個工作日內需簽署合約並支付訂金，共計人民幣小寫：____元，大寫：____拾____萬____仟____佰____拾____元。5　個工作日內訂金未到帳者，視同自動放棄所選展位，組委會有權將該展位另作安排。在簽訂本合約之日支付參展訂金並於本合約簽訂之日起5　　個工作日內將剩餘款____元，大寫：____拾____萬____仟____佰____拾____元整，匯入大會指定帳號：戶名：xx市土地房產交易中心；帳號：xxxxx；開戶行：建行xx支行。

（3）房地產展區收取參展管理押金人民幣5000元/標準展位（參展管理押金是確保展會期間參展商行為符合參展規則、《參展商手冊》規定。如參展商符合展場管理規則，參展管理押金將於展覽結束後如數退還；如參展商違反展場管理規則，參展商參展管理押金將不予退回）。

押金共計人民幣小寫：＿＿＿元，大寫：＿＿＿拾＿＿＿萬＿＿＿仟＿＿＿佰＿＿＿拾＿＿＿元整。參展單位在布展報到時，憑參展押金收據的原件或加蓋單位公章的複印件領取布展、參展證件。

（4）乙方認購展會廣告項目＿＿＿，計人民幣小寫：＿＿＿元，大寫：＿＿＿拾＿＿＿萬＿＿＿仟＿＿＿佰＿＿＿拾＿＿＿元整。

（5）上述各項合計：人民幣＿＿＿元，大寫：＿＿＿拾＿＿＿萬＿＿＿仟＿＿＿佰＿＿＿拾＿＿＿元整。

三、關於安全與防火責任

為貫徹「預防為主、防消結合」的安全與消防工作方針，積極落實安全與消防崗位責任制，努力搞好展覽中心、2003秋交會的安全與消防工作，乙方負責安排專人（＿＿＿先生／女士）為區域安全與防火責任人。

（1）區域安全與防火責任範圍：2003年9月18日至9月25日期間，2003xx房地產交易會乙方自身展位內或活動中。

（2）區域安全與防火責任人職責：

□協助展館與組委會安全負責人搞好安全、消防工作，共同維護展館治安、施工、防火安全。

□負責本區域範圍內的安全與防火工作。特裝展位需在甲方規定高度、寬度範圍內進行施工，所有背板背面離地2.5米以上部分需封以白色防火板，並對施工安全質量承擔責任；如因展位坍塌、墜物、失火等原因造成現場人員生命及財產損失時，由乙方承擔賠償責任，甲方不承擔任何損害賠償責任及連帶責任。

□認真宣傳、貫徹執行《中華人民共和國消防法》和其他消防

法規。

　　□協助組委會保護好本展館公共場所的消防設備、設施及愛護消防器材。

　　□按規定安全使用大功率電器。

　　□同意緊急情況下物業管理人員進入乙方安全與防火區域應急處理，保證展館內群眾的生命財產安全。

　　□負責向裝修承建商與乙方其他工作人員轉達展館與組委會對展會期間安全和消防的管理要求。

　　□開展前向組委會方面通報自身的活動安排，凡涉及安全及消防問題的，應提出預防措施。

　　四、參展規則

　　（1）參展企業必須在規定的時間內將參展費用付清，否則不能確保安排展出，並追究相應的法律責任。

　　（2）除非參展單位不獲組委會接納，否則已交展位費概不退還。

　　（3）參展單位在布展期最後半天仍未報到入館且未作任何解釋的，組委會有權將其展位安排他用，已交展位費概不退還。

　　（4）大會展場安排及會場布置由組委會統一進行，參展企業必須服從大會安排，參展企業可參照展位平面布置圖預訂展位，但組委會有最終整體調整的權力，參展商須服從安排。

　　（5）各參展商只能在租用的展位範圍內進行裝修設計及展銷，不得占用展會通道及其上空。如參展商展位範圍超過上述標準，組委會將向該展位參展商發出書面參展違規通知，並不予退還

管理押金。

（6）展位圖紅色、藍色區域展位限高4.5米，展位圖黃色區域展位限高6米（以甲方所示展位圖為準）。如參展商展位高度超過上述標準，組委會將向該展位參展商發出書面參展違規通知，並不予退還管理押金。

（7）展場內不安排任何參展商掛旗，場內掛旗由大會統一安排。

（8）本次展覽為無噪音綠色環保交易會。參展商嚴禁攜帶音響入場，若參展商有播音需要，須向組委會提出書面申請，經組委會批准後，由組委會統一安排播音。如參展商擅自在展位上播音或攜帶音響入場，一經查實，組委會將向該展位參展商發出書面參展違規通知，並有權停止該展位的電力供應，且不予退還管理押金。如在展期內某展位接到兩家及兩家以上其他展商的書面投訴三次及三次以上，經組委會、高交會館及投訴展商共同核實，簽字確認後，組委會將停止對該展位的電力供應，且不予退還管理押金。因上述原因停止的電力供應至該展位撤除音響設備，經組委會及高交會館共同確認後方才恢復。

（9）展台的裝飾、產品的陳列、運輸等均由參展企業自行負責。

（10）參展企業未經同意，不得私自轉讓展位或容留無業、個體人員出售物品。每個展位之展品資料均應交組委會備案，如私自展示無關物品，組委會有權將其清理出場並沒收該無關物品。

（11）不得出售未獲預售許可證或手續不全的物品，對不聽勸告者，組委會有權取消其參展資格，已交展位費概不退還。如造成

不良後果者，組委會及主管部門有權追究其法律責任。

（12）易燃、易爆、有毒等危險品，或對其他參展企業、人員構成危險或妨礙其他人員正常洽談業務的展品以及任何不符合大會要求的展品，組委會有權將其撤出展館。組委會將協助展館的保安工作。對於來訪者、參展人員及其展品所可能遭受的任何風險，組委會概不承擔其經濟損失或法律上的責任。對於貴重、易損物品，參展企業自行購買保險。

（13）參展單位必須遵守會場的有關規定，如損壞或遺失場館內的物品，組委會有權要求賠償。

（14）對任何組委會認為有損大會形象的行為，組委會有權予以懲處。

（15）遇不可預測及不可抗拒之因素、天災人禍等事件，組委會有權縮短或延長舉行日期甚至取消此次展覽會，在此情況下，參展企業無權要求退款或賠償。

甲方：xx市土地房產交易中心（公章）　　　乙方：（公章）

負責人（簽名）　　　　　　負責人（簽名）

2003年＿＿＿月＿＿＿日

第三節　會展業務協議書

一、會展業務協議書的含義

會展業務協議書是會展業務中有關當事人之間為設立、變更、終止民事法律關係而訂立的書面契約。由於會展業務協議書是當事

人在平等互利的基礎上確立的，強調各方一致的意思表示，所以，雖然其內容不如會展合約那麼具體，但其適用範圍較廣泛，凡圍繞會展協商一致的事項都可以會展業務協議書的形式表現出來。

二、會展業務協議書的種類

（一）會展合作協議書

會展合作協議書是兩個以上會展主辦單位在合作主辦會展時，依法訂立的規範合作各方權利義務關係等事項的書面契約。

（二）會展委託協議書

會展委託協議書是指會展主辦單位和會展承辦單位之間，就會展承辦事項依法訂立的，規範會展主辦單位和會展承辦單位權利義務關係等事項的書面契約。另外，會展承辦單位在委託招展等業務中也會用到此種協議書。

（三）參展協議書

參展協議書是會展承辦單位與參展商之間，為明確彼此的權利義務關係而依法訂立的書面契約。

（四）會展聘任協議書

會展聘任協議書是指會展承辦單位為僱用會展工作人員，依法與受聘人員之間訂立的、規範雙方權利義務關係的書面契約。

（五）會展服務承包協議書

會展服務承包協議書是會展承辦單位與會展服務承包提供者之間依法訂立的，為了滿足各種不同的會展服務需求，明確供需各方的權利義務關係等事項的書面契約。由於會展的服務需求項目種類繁多，且品種各不相同，所以實踐中會展服務承包協議書的種類也

非常豐富。

三、會展業務協議書的結構

會展業務協議書也是由首部、正文和尾部三部分構成。

（一）首部

（1）標題。如：「xxxx協議書」。

（2）當事人的名稱或者姓名和住所。寫作方法和要求同合約。

（二）正文

（1）開頭。寫明該協議書訂立的依據、目的、雙方自願訂立等內容。

（2）主體。具體表述協議書的各項條款，寫作方法和要求同合約。

（3）其他條款。包括協議書的書寫文字及其效力（用於涉外合約）、生效的條件、有效期限、文本數量及保存方式等條款。

（三）尾部

尾部由各方當事人簽名或蓋章，並寫明協議訂立的時間。具體方法和要求與合約相同。

【會展協議書例文1】

委託安排參展協議書

甲方：中國上海xx公司

乙方：美國xx文化交流中心

　　甲乙雙方在平等互利的原則下經過友好協商，就甲方委託乙方安排參加xxxx年x月x日一x日在美國xx市舉辦的xxx展覽會事宜達成如下協議：

　　一、甲方責任：

　　（1）甲方應在展覽會開始前三個月填寫xxx展覽會的參展申請表，向乙方提供詳細的參展資料。

　　（2）如實提供參展人員的資料，否則一切後果由甲方負責。

　　（3）如發生訪美參展人員未經乙方同意而不隨團隊一同離開美國或滯留不歸的情況，由甲方承擔相關責任。

　　（4）甲方應給乙方提供為參展人員出具的正式擔保公函。

　　（5）甲方應給乙方提供詳細的參展產品介紹及宣傳資料。

　　（6）甲方應派出不少於6人的團體申請美國簽證，每個展位最後實際到達人員不能少於3人。

　　二、乙方責任

　　（1）乙方在接到甲方填寫的參展申請表後，應及時為甲方提供展會的所有相關資料。

　　（2）乙方應在甲方支付了展位訂金後，及時為甲方參展人員辦理邀請手續。

　　（3）乙方應協助指導甲方參展人員辦理赴美簽證的相關手續。

　　（4）乙方應根據行程中所列的內容安排活動，如遇特殊情況，須與甲方協商解決。

（5）應按乙方對甲方所承諾的標準安排全程接待。

三、甲方在美國的參展費用，按如下條款執行

（1）此參展團一行＿＿＿人，甲方應在雙方正式簽約後的一週內直接將展位訂金＿＿＿元（美元）支付給美國展覽公司，並將匯款憑證傳真給乙方備案。

（2）為確保展位，甲方應在展覽會開始前＿＿＿天內將全部展位費用直接匯至展覽公司帳戶，如因簽證原因而使甲方人員不能如期參展，則按相關條款扣除甲方＿＿＿%的展位費後，乙方負責要求美國展覽公司退還甲方剩餘的展位費用。

（3）由乙方安排的展覽期間接待費用，或如果甲方人員還要前往其他城市考察費用，甲方應在與乙方簽訂協議後當即支付給乙方＿＿＿元（美元）訂金；在簽證簽出後將剩餘團款全部匯入乙方帳戶。

（4）行程中以下費用由乙方承付：

A.房費：旅行中所需酒店標準間。

B.餐膳費：旅行中所列應由乙方安排的國外考察期間每日三餐的餐膳安排，儘量安排中餐。

C.遊覽費：旅程中安排內的交通，門票和導遊費用。

D.保險費：行程期間乙方為甲方人員承擔投保每人＿＿＿萬元（美元）人身意外傷害保險，甲方客人要求的超出此範圍的保險費由甲方客人自行承擔。

E.機票費用：國際和美國境內機票。

四、以下費用乙方不承擔

（1）行程中未列明的開支。

（2）團員個人費用：如行李超重、飲料、酒類、洗衣、電話、私人交通費及酒店房間收費用品和紀念品、個人傷病醫療費及各種違反有關規定而招致的賠償罰款等。

（3）自由活動期間費用，另行增加的活動費。

（4）辦理護照，簽證費。

（5）中國出境機場稅。

五、其他

（1）考察團因第三方原因如搭乘飛機、汽車或在飯店、餐廳等各項服務中所受的損失，應由提供服務的航空公司、汽車服務商、飯店或餐廳等機構直接對甲乙雙方負責，在美國期間，乙方承擔交涉義務。

（2）因不可抗拒的原因而導致本合約不能履行，則雙方對損失均不負任何賠償責任。

（3）本協議保留對個別行程線路之具體要求增補協議的權利，若有變更，需經甲乙雙方協商解決。

（4）若團員在國外滯留不歸或政治問題，乙方不負責任。

（5）行程細節見附件，本合約之附件為本合約不可分割的部分，與本合約具有同等法律效力。

（6）本合約一式兩份，甲乙雙方各執一份。

（7）本合約自雙方簽字蓋章之日起生效。

甲方：中國上海xx公司

簽字（蓋章）：

地址：

日期：

乙方：美國xx文化交流中心

簽字（蓋章）：

地址：

日期：

【會展協議書例文2】

展會宣傳合作協議

甲方：中國xx網（北京xx科技有限公司）

乙方：

甲乙雙方本著平等互利，共同發展的原則，經友好協商，就雙方互助宣傳達成如下協議：

第一條 甲方的責任和義務

1.甲方免費將其為乙方製作的展會logo（120x40）連結放在甲方主頁展會版塊左側顯著位置，進行主要宣傳，吸引客戶進行瀏覽。

2.甲方免費把乙方的展會資訊，包括參展邀請函、參觀邀請函、論壇邀請函、展會通知等透過電子郵件方式向甲方會員進行發放、推薦。

3.甲方免費把乙方的展會資訊加入甲方網站的展會資訊列表中

的頻道。

4.甲方有義務保護乙方的品牌和形象，不得利用乙方的品牌和形象從事與協議無關或有損乙方聲譽的業務，並不得單方面發布未經乙方授權的宣傳廣告資料。

5.甲方在接到客戶對乙方展覽會的諮詢資訊後，應耐心解答，並及時將其回饋給乙方。

第二條 乙方的責任和義務

1.乙方免費為甲方在展覽會會刊上寫上「網站協辦（支持）單位：中國xx網（http：//www.cnbeb.com）」字樣。

2.乙方在其所有宣傳資料、請柬中寫上「網站協辦（支持）單位：中國xx網（http：//www.cnbeb.com）」字樣。

3.乙方免費給甲方提供展覽會會刊內版尺度為210mm×285mm彩頁廣告，用於甲方宣傳，資料由甲方提供。

4.乙方免費贈送甲方展會會刊至少2本。

5.如展覽期間甲方能親臨會場參與展會，乙方應安排一個標準展台用於甲方在展會期間進行網站宣傳推廣；甲方工作人員有權在乙方承辦的展會展覽館內進行網站宣傳推廣及業務洽談等相關工作。

6.如展覽期間乙方需要甲方派記者前往現場報導，則乙方承擔甲方記者前往的相關旅差吃住等費用。

7.乙方有義務保護甲方的品牌和形象，不得利用甲方的品牌和形象從事與協議無關或有損甲方聲譽的業務，並不得單方面發布未經甲方授權的宣傳廣告資料。

第三條 協議期限

本協議自最後一個簽訂之日起生效，有效期至　年　月　日止。

第四條 不可抗力

對於因不可抗力（如地震、戰爭、政策等）引起的失誤或延誤，雙方不承擔賠償責任。

第五條 違約責任

違約方應向非違約方承擔相應的法律責任。

第六條 爭議解決

1.關於本協議的解釋。履行中發生的爭議事宜，均適用中華人民共和國法律以及國家有關的法令法規。

2.本協議發生爭議時，由雙方協商解決；協商不能解決時，提交甲方所在地的仲裁委員會仲裁，具體仲裁事項由雙方另行商定。

第七條　本協議一式兩份，雙方各執一份，由雙方代表簽字蓋章生效

甲方：中國xx網

代表：

地址：xx市xx路xx號

電話：xx-xxxxxxxx

傳真：xx-xxxxxxxx

乙方：

代表：

地址：

電話：

傳真：

郵遞區號：xxxxxx

E-mail：xxxxxxx

簽約日期：

蓋章：

郵遞區號：

E-mail：

簽約日期：

蓋章：

第十章 會展法律文案

第一節 會展法律文案概述

一、會展業務糾紛的成因及解決途徑

隨著中國會展業的發展，會展主辦單位和會展承辦單位，會展主辦單位和參展商，參展商和消費者等各種會展組成人員之間的業務糾紛，乃至法律糾紛也日趨增多。其重要的原因是管理混亂、合約簽訂不規範、會展業務合約各方當事人法律意識差等。

在會展業務中，如果當事人之間發生糾紛，包括發生合約或協議糾紛，除了其自行和解外，一般有三條解決問題的途徑：

（一）調解

調解，就是由第三方主持，促使會展糾紛各方達成和解。具體而言，就是指將會展糾紛各方的爭議交給一定的組織或者個人居中調解，促使雙方互相協調諒解達成一致協議，從而解決糾紛的一種方式。目前，會展糾紛的調解組織主要有行業協會、調解中心等，當然仲裁委員會和人民法院也可以主持調解。

（二）仲裁

仲裁，是指將糾紛交由仲裁機構處理，也就是會展業務合約或協議糾紛的雙方當事人達成仲裁協議，自願將爭議提交選定的仲裁機構，由仲裁機構根據一定程序規則和公正原則作出裁決。對裁決處理意見，當事人必須履行。仲裁活動具有司法性，是中國司法制

度的一個重要組成部分。與調解、訴訟相比，仲裁具有以下特點：

1.仲裁充分尊重當事人意思自治原則

仲裁是以當事人自願為前提的，包括自願決定採用仲裁方式解決爭議；自願決定解決爭議的事項，選擇仲裁機構等；當事人還有權在仲裁委員會提供的名冊中選擇其所信賴的人士來處理爭議。涉外仲裁的當事人雙方還可以自願約定採用哪些仲裁規則和相應的法律等。

2.裁決是具有法律效力的行為

仲裁裁決和法院判決一樣，同樣具有法律約束力，當事人必須嚴格履行。經濟糾紛在仲裁庭主持下透過調解解決的，所製作的調解書與裁決書具有同等法律效力。涉外仲裁的裁決，只要被請求執行方所在國是《承認和執行外國仲裁裁決公約》（簡稱《紐約公約》）的締約國或是成員國，如果當事人向被執行人所在國的法院申請強制執行，該法院就得依其國內法予以強制執行。

3.仲裁採用「一裁終局」

即仲裁裁決一旦作出，就發生法律效力，即使當事人對仲裁裁決不服，也不得就同一糾紛再向仲裁委員會申請仲裁或向法院起訴的。仲裁沒有二審、再審等程序。

4.不公開審理

中國仲裁法第40條規定：「仲裁不公開進行。」此舉可以防止洩露當事人不願公開的專利、專有技術等。仲裁方式保護了當事人的商業祕密，更為重要的是保證了仲裁從庭審到裁決結果的祕密性，使當事人的商業信譽不受影響，也使雙方當事人在感情上容易接受，有利於日後繼續生意上的往來。

（三）訴訟

訴訟是人民法院啟動訴訟程序，解決當事人之間的糾紛。也就是當事人將會展糾紛交由人民法院處理，以維護其合法權益。相對於調解和仲裁而言，訴訟的成本明顯更高。

調解、仲裁和訴訟是國際上解決商事爭議的傳統方式，也是中國解決民商海事爭議的傳統方式。三者分別透過其調解機構、仲裁機構和審判機構具體實施其職能。三者各自獨立，地位平等，無上下級關係，無高低貴賤之分。三者中，無論以調解、裁決、判決或裁定結案，其生效的法律文書均具有同等法律效力。三者在實施其職能時，彼此相互配合，密不可分，不得厚此薄彼或互相拆台、相互推諉。

二、會展糾紛涉及的法律文書

（一）會展業務法律文書的含義

會展業務法律文書，是指會展業務各方當事人在會展業務糾紛發生時，依法製作的以解決會展爭端為目的的具有法律意義的文書總稱。

（二）會展業務法律文書的特徵

1.主體的特定性

會展業務法律文書的製作主體都是和會展業務有關聯的，如會展承辦單位、會展參展商、會展銷售商等。

2.適用範圍的廣泛性

會展業務法律文書適用於所有會展業務糾紛案件。既包括一般的經濟合約糾紛，也包括勞動合約糾紛。

3.製作依據的法定性

無論是否涉及訴訟，會展業務法律文書都必須依法製作，如合約法、仲裁法、會展法規等。另外，會展業務法律文書都有法定的格式，其立意、內容，甚至用語都必須以有關法律為根本依據。

（三）會展業務法律文書的種類

會展業務法律文書包括三類：一是調解文書；二是仲裁文書；三是訴訟文書。這三類實際上包括非訴訟和訴訟兩個方面。其中，非訴訟法律文書主要有調解文書和仲裁文書，如，仲裁協議書、仲裁申請書、仲裁答辯書、仲裁反訴書、仲裁調解書等。訴訟法律文書主要有各種訴狀，如，民事起訴狀、民事答辯狀、民事上訴狀等。本章將介紹上述法律文書中的幾種主要文書。

（四）會展業務法律文書的製作要求

1.外在表現形式方面

會展業務法律文書從文書的紙張規格、書寫內容到簽署用印，都必須遵循嚴格的製作規範。從名稱來看，大多數會展業務法律文書往往透過「書」、「狀」等形式出現。如民事起訴狀、民事答辯狀，仲裁申請書、仲裁答辯書等。「書」和「狀」一般都有固定的格式。

2.內部結構方面

會展業務法律文書從結構上分為首部、正文和尾部三個部分。首部一般包括標題、當事人的基本情況等；正文一般包括案件事實、證據、理由等；尾部一般包括交代有關事項或寫明致送單位、署名、日期、用印、附註說明等。正文部分是會展業務法律文書的核心內容。

3.語言風格方面

會展業務法律文書作為法律的重要載體，其語言的表達和駕馭是非常關鍵的，具體要求是：

（1）準確。準確，就是用最貼切、最恰當的語言來反映會展業務法律文書的具體內容，選字、遣詞、造句以及標點符號都應該確切、恰當，做到表意精確，解釋單一，無任何歧義。

但這裡所指的準確是相對的而不是絕對的。一方面，語言本身的侷限性使其不可能達到絕對的準確。另一方面，會展業務法律文書所要反映的某些特殊內容也排斥語言的絕對準確。為此，在強調語言準確的同時，製作會展業務法律文書還必須注意有條件地使用模糊語言。

（2）精煉。精煉，就是在準確的基礎上使文章言簡意賅，言簡與意賅應當統一，不可偏廢。這就要求會展業務法律文書的製作者必須用最簡潔的文字反映最完整的意思。既反對事無巨細，冗長、拖沓；也反對苟簡疏漏，一味追求文字的簡潔而忽視了文書內容的完整性、全面性。

（3）莊重。會展業務法律文書屬於法律文書的一類，其語言的使用必須嚴肅、莊重，不可馬虎、隨便。必須正確運用法律用語，切忌使用華麗辭藻，擯棄汙言穢語。

（4）樸實。會展業務法律文書的語言必須樸素、平實，儘量避免使用生僻的詞語以及深奧的語言。會展業務法律文書必須面向大多數人，只有通俗易懂的樸實的語言才能為大多數人所接受。當然，樸實並不是說要把來源於群眾的口頭語言不加選擇地照搬照抄，樸實必須以莊重為前提。

（5）嚴謹。嚴謹，是指會展業務法律文書行文的整體協調性，結構嚴密。避免出現前後脫節、相互矛盾的情況。

4.表達技巧方面

一般文章的表達方式有五種，即敘述、說明、議論、描寫和抒情。會展業務法律文書是一種特殊的文書體裁，它追求的是以理服人的效果，而不是以情動人的場面。這一特殊性決定了法律文書的表達技巧主要是敘述、說明和議論（或說理）。

（1）敘述。敘述，是反映案件發生、發展和變化的一種表達技巧。它往往用來表現會展業務法律文書的事實部分。一份好的會展業務法律文書，其事實部分必須符合以下幾點要求：

一是事實要素全面、完整。不同性質的會展業務法律文書，事實敘述的要素也不盡相同。一般而言，每一種會展業務法律文書的事實部分都必須充分反映雙方當事人糾紛發生的起因、時間、地點、內容、過程和結果等。

二是敘事方法靈活、恰當。會展業務法律文書在表現個案的不同事即時，敘述方法也各不相同。實踐中，會展業務法律文書敘述事實的方法主要是時間順序法，除此之外，還要結合具體糾紛的情況採用其他敘事方法。

三是因果關係清楚、明瞭。因果關係是指當事人的行為和案件的結果之間存在的內在的必然聯繫。行為與結果之間有無因果關係，是決定當事人是否要承擔法律責任的一個關鍵因素。有因果關係就必須承擔法律責任，沒有就不必承擔。所以，在製作會展業務法律文書的時候，我們一定要有非常客觀的態度，只有客觀地綜觀案件發生、發展的整個過程，才能夠把握行為與結果之間是否有內

在的必然聯繫，從而得出正確的結論。

　　四是案情重點明確、突出。無論什麼性質的案件，敘述時都必須抓住重點，這個重點就是關鍵情節。所謂「關鍵情節」是指具有決定性或涉及是否承擔法律責任和對社會危害程度大小的情節。只有抓住矛盾的關鍵，才能知道問題的癥結所在，從而為更好地解決矛盾奠定基礎。

　　（2）說明。說明，是對客觀事物所作的介紹或解釋。在會展業務法律文書製作中，說明這種表達方式往往用於首部、尾部的有關情況介紹。如對當事人身分情況的說明，對文書致送單位、落款等事項的說明等。

　　無論是對某種情況的說明，還是對某種要求的說明，都必須做到客觀真實、明確具體。所謂客觀真實，就是必須符合事物的本來面目，使人可信，不虛假，尤其不能夠影響對案件的正確判斷；所謂明確具體，則指當製作者說明某一問題時一定要抓住這個問題的實質，不能籠統、抽象地只給人以大概印象，這樣，才能真正達到說明的目的。

　　（3）說理。說理，顧名思義是對客觀事物分析評判，闡述道理，論明是非曲直。說理一般用於會展業務法律文書的理由部分。說理追求周密、合法，一份好的會展業務法律文書，其理由的闡述必須周密、合法，才能夠服人。

第二節　會展調解文書

一、調解文書的含義和特點

（一）調解文書的含義

調解文書是會展業務糾紛發生後，當事人透過調解解決爭端時涉及的文書總稱。主要的調解文書有調解申請書和糾紛調解書兩種。

會展調解申請書是當事人請求第三方出面主持調解糾紛而製作的具有法律意義的文書。會展糾紛調解書則是會展糾紛的各方當事人在一定組織或者個人的主持下，根據自願與合法原則，就當事人之間的糾紛互相諒解，達成一致協議時所製作的法律文書。

從中國會展業目前情況看，其糾紛的調解主要有三種：一是一定組織主持下的調解；二是仲裁委員會主持下的調解；三是人民法院主持下的調解。對經調解後如達成和解協議或調解員根據該和解協議的內容作出的調解書，各方都要認真履行。

（二）調解文書的特點

（1）調解文書是糾紛雙方當事人之外的第三者，如會展行業協會、貿促會調解中心等組織為協調當事人之間的矛盾而製作的文字形式。

（2）調解文書的協議結果是當事人真實意思的表達，不受任何個人、組織和行政機關的干涉。

（3）調解文書製作的依據是合約中當事人簽訂的「調解協議條款」或一方當事人申請。

（4）調解文書的形成過程必須符合法律的有關規定。

二、調解文書的結構

（一）首部

1.標題

達成調解協議的調解書一般要寫明調解組織的名稱和「xx調解書」。提出調解申請的文書，則寫明「調解申請書」。

2.身分情況介紹

如果當事人是自然人，其身分一般寫明其姓名、性別、出生年月日、民族、出生地、職業、住址等基本資料；如果當事人是法人或者其他組織，其身分一般寫明其名稱、地址、法定代表人姓名、職務等。當事人如果委託了代理人，則必須寫明其委託代理人的基本資料。

3.案由

調解書一般要寫明案由，即寫明本調解因何而起，由誰主持等。如果各方是根據會展業務合約中的調解協議條款而接受調解的，則本項內容中對此情況也必須一併反映。

（二）正文

正文部分是調解文書的核心部分。內容包括調解所依據的調解協議，案情、證據材料和調解請求，以及其他必須寫明的事項。

調解組織主持下製作的調解書，其正文的主要內容一是敘述會展糾紛的事實經過；二是寫明調解協議達成的經過；三是逐條寫明各方當事人在一定組織的主持下達成的具體協議內容；四是寫明調解費用的承擔情況；最後寫明調解主持人對當事人達成調解協議的態度，以及調解書生效的條件等。

（三）尾部

調解申請書的尾部應當寫明致送的第三方組織或機構名稱、申

請人署名、製作時間、附項。

調解書的尾部由調解員署名，寫明調解日期，並蓋上相應的印章。如仲裁調解書的尾部，還必須仲裁秘書署名。民事調解書則要由書記員在最後署名。

第三節　會展仲裁文書

仲裁文書是當事人為解決經濟合約、勞動爭議等，根據已達成的仲裁協議而製作的，向仲裁機關申請仲裁、解決糾紛的各種法律文書總稱。會展業務糾紛的主要來源就是合約、協議。

仲裁業務中涉及的仲裁文書包括國內仲裁文書和涉外仲裁文書兩大類。而會展業務中涉及的合約糾紛現在一般由工商行政管理局、貿促會和各地仲裁委員會仲裁。仲裁文書的種類很多，主要有仲裁協議書、仲裁申請書、仲裁答辯書等。

一、仲裁協議書

（一）仲裁協議書的含義

仲裁協議或條款是指當事人在合約中約定的或事後達成的將爭議提交仲裁裁決的書面協議或條款。仲裁協議或條款獨立於合約存在，不因合約的終止、無效而終止或無效，是具有法律約束力的文書，是仲裁機構客觀評斷是非的依據。

仲裁協議包括仲裁條款和仲裁協議書兩類：

1.仲裁條款

仲裁條款是當事人在合約中訂立的以仲裁方式解決糾紛的條

款。比如當事人在簽訂合約時就明確約定：發生糾紛，到上海仲裁委員會請求仲裁。文字上可以表述如下：

「第x條，凡因本合約（或協議，下同）引起的或與本合約有關的任何爭議，均提交上海仲裁委員會，並按照該會的仲裁暫行規則進行仲裁。仲裁裁決是終局裁決，對雙方均有約束力。」

當事人協商同意的有關修改合約的文書、電報和圖表，以及當事人來往的屬於合約組成部分的信件、電報、電傳中訂有協議仲裁的條款，這些都屬於仲裁條款。

2.仲裁協議書

仲裁協議書是雙方當事人在主合約之外單獨簽訂的發生糾紛請求仲裁的協議。仲裁協議書可以在糾紛發生前訂立，也可以在糾紛發生後簽訂。

（二）仲裁協議書的寫作結構

1.首部

首部應當寫明：

（1）標題。如「仲裁協議書」。

（2）當事人的身分情況。當事人是自然人，要寫明姓名、性別、年齡、職業、工作單位及職稱、住址；當事人若係法人或其他組織，寫明單位名稱、地址，法定代表人或代表人姓名、職務、住址。

2.正文

正文是仲裁協議書的核心，具體內容包括請求仲裁的意思表示、仲裁事項、選定的仲裁委員會。這三項是構成仲裁協議的實質

要件，缺一不可。

請求仲裁的意思表示在文字上可以表述為：「當事人各方願意提請＿＿＿＿仲裁委員會依照《中華人民共和國仲裁法》的規定，仲裁如下爭議：……」仲裁事項部分要具體寫明各種爭議事項，事項內容較多時，可以分項列明。仲裁協議書的正文最後應當寫明選定的仲裁委員會。

此外，當事人在仲裁協議中還可以約定其他內容，如仲裁庭的組成方式，仲裁員的選擇方式等。

3.尾部

尾部由當事人各方署名，並寫明制定協議的日期，簽署的方法按自然人或法人等組織的簽署方法辦理。

二、仲裁申請書

（一）仲裁申請書的含義

仲裁申請書是指合約的一方當事人，就合約履行過程中產生的糾紛，根據各方當事人之間達成的仲裁協議，向仲裁機構提出仲裁申請的文書。

申請仲裁應當符合下列條件：一是有仲裁協議；二是有具體的仲裁請求和事實、理由；三是屬於仲裁委員會的受理範圍。

（二）仲裁申請書的結構

1.首部

首部包括：

（1）標題。如「仲裁申請書」。

（2）當事人的身分情況。仲裁申請書對當事人雙方稱「申請人」和「被申請人」。如果當事人是自然人，應當寫明其姓名、性別、年齡、職業、工作單位、住所等。如果當事人是法人或其他組織，則應當寫清楚法人或其他組織的名稱、住所和法定代表人或者主要負責人的姓名、職務。這些基本情況應當按照申請人、被申請人的順序寫出。當事人如果委託了律師或其他代理人參加仲裁活動的，還應當寫明律師或其他代理人的情況。

（3）案由。即該糾紛的性質。

2.正文

正文是仲裁申請書的核心內容，包括仲裁請求、事實與理由，以及證據和證據來源、證人姓名和住所。

仲裁請求是當事人希望透過仲裁委員會達到的直接目的，是指仲裁申請人想透過仲裁解決什麼問題，保護自己的什麼財產權益。

事實是指合約糾紛和其他財產權益糾紛發生的經過。包括：申請人與被申請人之間的關係；申請人與被申請人之間糾紛的起因、時間、地點，以及糾紛發展的具體過程、情節、後果等。更重要的是，必須在事實敘述中突出當事人之間糾紛的焦點，以及當事人雙方應當承擔的法律責任。

仲裁的理由是為什麼要提出這樣的仲裁請求，即提出仲裁請求的道理。它是申請人主觀上的認識，可能正確也可能不正確，並不強調申請人必須提供客觀存在的確鑿無疑的事實根據才予以受理。理由部分還必須具體引用相關的法律條文，以闡述申請人仲裁請求提出的合法性。

特別應當注意的是，仲裁申請人對自己的主張負有舉證責任，

所以申請人在提出仲裁請求的同時，還應當提供有關的證據和證據來源、證人姓名和住所，以便仲裁委員會核實與調查，及時作出裁決。申請人如有證明事實的證據，應向仲裁庭提供。這一部分必須寫明證據的名稱和證據的來源，以及證據的可信程度。如果有提供證人，則必須寫明證人的姓名和住址。

3.尾部

寫明致送仲裁委員會名稱；然後由申請人簽名；最後寫申請日期。申請書的左下方應當寫明附項內容。

三、仲裁答辯書

（一）仲裁答辯書的含義

仲裁答辯書是在仲裁案件中，當被申請人收到由仲裁委員會送達的仲裁申請書副本後，在法定期限內，針對仲裁申請書提出的事實、理由和請求進行答覆和辯解的法律文書。

（二）仲裁答辯書的結構

1.首部

首部包括：

（1）標題。寫「仲裁答辯書」或者「答辯書」即可。

（2）答辯人的身分情況。如自然人的姓名、性別、年齡、民族、籍貫、職業或者職務、單位或者住所；如法人或其他組織的名稱、地址和其法定代表人的姓名、職務。

如果答辯人有委託代理人的，則還必須寫明委託代理人的姓名、性別、職業或者工作單位和職務、住址。若委託代理人是律師，則只需要寫明三項身分情況，即姓名、工作單位和職務。

（3）案由。如：「答辯人因申請人提起xxx（案由）仲裁一案，現答辯如下：」

2.正文

仲裁答辯書的正文也就是其答辯理由，這是仲裁答辯書的核心內容。正文部分的寫作要點是針對申請人或反請求申請人的仲裁申請書或反請求申請書闡述理由。答辯理由一般可以從以下幾方面展開論證：一是就對方當事人提出的事實或法律適用進行反駁，證明其事實與法律的不成立；二是提出自己的答辯主張，進一步論證自己觀點的正確。

3.尾部

寫明致送單位名稱，由答辯人簽名、蓋章，註明製作的年月日，最後寫明附項內容。

（三）仲裁答辯書的寫作要求

1.針對性要強

要針對申請書或反請求申請書的關鍵性和實質性問題進行答辯，並且論證必須客觀、肯切。

2.以駁論為主，立論為輔

要抓住申請人申請書的請求事項、事實、理由以及證據進行反駁，然後再用立論的方法正面闡述自己的主張。

四、反仲裁申請書

（一）反仲裁申請書的含義

反仲裁申請書是指仲裁委員會已經受理了一方當事人的仲裁

後，另一方當事人就同一糾紛、依據同一仲裁協議、向同一仲裁委員會針對申請人的仲裁請求提出的，請求仲裁委員會作出對自己有利的仲裁申請書。

（二）反仲裁申請書的結構

1.首部

包括標題，如「反請求申請書」；當事人的身分情況；案由。

2.正文

正文部分和仲裁申請書相同，也包括請求事項、事實與理由、證據和證據來源，證人姓名和地址。在製作反請求申請書時，必須特別注意其理由部分的闡述。因為反請求申請書除了反駁申請人的仲裁請求不能夠成立或者不能夠完全成立外，重點必須論證自己所提出的仲裁請求合理、合法，以達到被仲裁委員會支持的目的。

3.尾部

尾部寫明致送單位、當事人署名、製作時間、附項。

（三）反仲裁申請書的寫作要求

反請求申請書的寫作要求與仲裁申請書相類似，但也有其特點：

1.稱謂上的約定

反請求申請書對雙方當事人的稱謂是：「反請求申請人（被申請人）」和「反請求被申請人（申請人）。」

2.在製作方法上以立論與駁論相結合

一般是先證明對方所提事實與證據不成立，說明對方的主張沒

有法律依據或者與法律相牴觸。然後，再證明自己所提事實的真實性和所提請求的合法、合理。

第四節　會展訴訟文書

訴訟文書是指法定製作主體在涉及訴訟案件時依法製作的具有法律效力或法律意義的法律文書。它是在訴訟活動中，由公民、法人或者其他組織為起訴或應訴而製作的各種文書總稱。對於會展業務而言，我們主要介紹兩種，即民事起訴狀和民事答辯狀。

一、民事起訴狀

（一）民事起訴狀的含義

民事起訴狀是民事案件一方當事人為了維護自己的民事合法權益，將民事糾紛提交人民法院訴訟審理、調解、判決而依法製作的具有法律意義的文書。

會展業務中用到的民事起訴狀，是當事人為解決會展業務糾紛而製作的。會展業務糾紛當事人認為自身的民事權益受到對方侵害時，可以製作民事起訴狀，將對方起訴至有管轄權的人民法院。民事起訴狀是啟動民事訴訟程序的重要訴訟文書，是人民法院對民事案件進行立案、審理的根據，也是對民事糾紛進行調解、判決的基礎。

民事起訴狀可以自書，即提起訴訟的當事人自己製作和提出；也可以代書，也就是請他人代為製作，但以當事人的個人名義提出。在司法實際中，代書通常由律師執筆，是律師的一項重要的業務。

（二）民事起訴狀的特徵

1.製作主體是提起民事訴訟的一方當事人

民事起訴狀是當事人提起訴訟時使用的。在民事訴訟中，提起訴訟的一方當事人被稱為「原告」，是指在民事訴訟中認為自己的民事權益被他人侵犯的人，包括公民、法人或其他組織。

2.適用範圍廣

民事起訴狀既適用於一般的民事案件，也適用於經濟案件（含知識產權糾紛和海事糾紛等）。

3.法定的時效性

根據有關法律規定，向人民法院請求保護民事權利的訴訟時效為2年，法律另有規定的除外。訴訟時效從知道或者應當知道權利被侵害時起計算。但是，從權利被侵害之日起超過20年的，人民法院不予保護，只有特殊情況，人民法院才可以延長訴訟時效。

（三）民事起訴狀的結構

1.首部

首先寫明標題「民事起訴狀」，其次介紹當事人身分事項，包括原告、被告或者第三人的基本情況，具體寫法因當事人的不同而不同。

如果當事人是自然人的，一般寫明其姓名、性別、出生年月日、民族、職業或工作單位和職務、住址；這裡所指住址是當事人的住所地，如果其住所地和經常居住地不一致的，以經常居住地為準。如果當事人是法人或其他組織的，則應視具體情況而定。如果原告為法人或其他組織，應當首先寫明該法人或其他組織的名稱、

地址，以及法定代表人或代表人的姓名和職務；其次，還要寫明企業性質、工商登記核准號；經營範圍和方式；開戶銀行、帳號。如果被告為法人或其他組織，則僅需寫明該法人或其他組織的名稱、地址，以及其法定代表人或代表人的姓名和職務。

在列舉當事人的時候，還要注意一些特殊情況：第一，當事人是個體工商戶的，除寫明業主姓名、性別、出生年月日、民族、住址外，對於起字號的，必須在其姓名後面用小括號註明「係某字號業主」；第二，當事人有數人時，應當依次寫出，並按照其所享受權利的大小和承擔義務的多少的順序由上往下排列；第三，當事人一方人數眾多（一般指十人以上）的共同訴訟，可以由當事人推選代表人進行訴訟。

最後寫明法定代理人或委託代理人的身分事項。依照有關法律規定，如果當事人是無訴訟行為能力人，由其監護人作為法定代理人代為訴訟。在民事起訴狀中，法定代理人的身分事項列於相應的當事人身分事項下面，另起一行。法定代理人的身分事項包括姓名、性別、年齡、職業、工作單位和住址。在法定代理人的姓名後面必須用小括號註明其與該當事人的關係。如：「法定代理人xxx（x告之父）……」

2.正文

正文部分由訴訟請求、事實與理由、證據和證據來源、證人姓名住址等幾項內容構成。

（1）訴訟請求。訴訟請求是原告向人民法院提起民事訴訟想達到的根本目的。一般來講，民事訴訟的目的無非是為了解決確認之訴、給付之訴和變更之訴等。確認之訴的具體目的就是請求人民法院查明原告與被告之間是否存在一定的民事法律關係；給付之訴

的具體目的是希望透過人民法院解決被告依法履行一定的民事義務，以維護原告的民事合法權益；變更之訴的具體目的則是請求人民法院消滅原告與被告已經存在的民事法律關係。

針對每個當事人要求人民法院解決問題的目的不同，在訴訟請求這一項內容中，必須寫明原告要求人民法院保護的具體權利，即希望人民法院判令被告履行何種義務，或者變更某種民事法律關係，或者確認某種民事法律關係是否存在等。不同性質的民事案件，訴訟請求的內容要點不完全相同。甚至相同性質的案件如果具體案情不同，其訴訟請求的內容也不相同。寫訴訟請求時必須注意：訴訟請求的提出要合法、合理；明確、具體。

（2）事實與理由。事實與理由是民事起訴狀的主要內容，包括事實和理由兩個部分。必須先敘述事實再闡明理由。

事實是民事起訴狀的核心內容之一。民事起訴狀事實部分必須圍繞訴訟目的全面、客觀地展開敘述。首先，必須明確當事人之間的人事關係，介紹雙方糾紛發生前的狀況。其次，敘述民事糾紛發生的時間、地點、起因、發展過程。這一部分內容必須詳細反映當事人之間民事糾紛的由來和發生、發展過程，敘述中特別要抓住當事人爭執的焦點以及雙方當事人對民事權益爭議的具體內容，突出與案件有直接關聯的客觀事實和實質性的分歧。最後，寫明糾紛所造成的後果，分清當事人雙方應該承擔的法律責任。在寫這部分內容時，應當實事求是，用客觀的態度反映當事人行為與糾紛結果之間的因果關係，以便於明確責任的承擔。總之，在敘述事即時，既要全面展開對案情的介紹，又要抓住不同性質民事案件的法定要素，突出爭議焦點。

理由也就是原告提起訴訟的理由。起訴理由一般從以下兩方面

予以闡述:首先,必須闡明事理。事理就是概括上述事實,分析案件的性質,明確是非曲直;指出危害後果,分清原被告應該承擔的民事責任;論證權利義務關係,說明訴訟請求的合理合法。在這裡,必須採用立論與駁論相結合的方法,層層論理。其次,必須闡明法理。圍繞訴訟請求援引民事法律、法規或政策,以及事理、道德、人情等,論證訴訟請求提出的合法性和合理性。

要寫好理由應當注意以下幾點:一是闡述理由要有針對性。民事起訴狀理由部分的論點就是前面提出的訴訟請求,所以必須針對每一訴訟請求展開闡述,要逐條闡明訴訟請求的合法、合理性。二是論據要充分。在這裡,很重要的一點就是必須通透有關的法律、法規、政策和道德、人情、事理,切忌隨心所欲篡改政策、道德,濫用人情、事理等。

（3）證據和證據來源,證人姓名和地址

證據是認定事實的客觀基礎,所以,這個部分必須依照主次順序逐項列舉所提交的書證、物證和其他能夠證明事實真相的材料,並說明書證、物證和其他能夠證明事實真相的材料的來源以及可靠程度。特別是對於原始證據、直接證據和經公證機關公證過的證據,必須寫明其準確的來源。一般證人情況的說明放在其他證據後面,寫清證人的姓名和住址。

在列舉證據時必須注意的問題:一是對於下列事實不需要舉證。眾所周知的事實和自然規律及定理;根據法律規定或已經知道的事實能夠推定出的另一事實;已為人民法院發生法律效力的裁判所確定的事實;已為有效公證書所證明的事實。二是隨民事起訴狀一起提交證據材料時,對書證應當提交原件,對物證應當提交原物;提交原件、原物確有困難的,可以提交其複製品、照片、副

本、節錄本。三是提交外文書證，必須附有中文譯本。四是不能夠正確表達自己意志的人不可列為證人。

3.尾部

首先寫明致送單位名稱，文字上表述為：「此致xx人民法院」。注意要分兩行寫。

（1）由起訴人署名，如果屬於代書的，還要由代書人署名。代書人為律師的，應當寫明其姓名、工作單位和職務。

（2）寫明提出民事起訴狀的年月日。

（3）寫明附項，附項一般附民事起訴狀副本的份數和證據材料的件數。副本的份數應當和對方當事人的人數一致。

（三）民事起訴狀的寫作要求

1.必須符合法定條件

起訴必須符合下列條件：一是原告是與本案有直接利害關係的公民、法人和其他組織；二是有明確的被告；三是有具體的訴訟請求和事實、理由；四是屬於人民法院受理民事訴訟的範圍和受訴人民法院管轄。

2.採用「原告就被告」原則

即民事起訴狀製作完畢之後，一般提交被告住所地人民法院，被告住所地與經常居住地不一致的，由經常居住地人民法院管轄。對法人或者其他組織提起的民事訴訟，由被告住所地人民法院管轄。同一訴訟的幾個被告住所地、經常居住地在兩個以上人民法院轄區的，各人民法院都有管轄權。但是對一些特殊情形採用「被告就原告」原則。

3.副本份數的規定

民事起訴狀副本的份數要與對方當事人的人數一致。

二、民事答辯狀

（一）民事答辯狀的含義

民事答辯狀是民事案件被告或被上訴人一方，針對原告或上訴方的起訴內容，依法進行答覆、辯駁所製作的民事訴訟文書。當會展業務糾紛的一方當事人收到他方當事人的民事起訴狀副本或民事上訴狀副本時，必須在法律規定的期限內向人民法院提交民事答辯狀。民事答辯狀有民事一審答辯狀和民事二審答辯狀兩種。前者是第一審民事訴訟案件的原告向第一審人民法院起訴後，該案件的被告在法定的期限內，就原告民事起訴狀的內容提出答辯所製作的；後者則是民事訴訟案件經第一審人民法院審理終結後，一方當事人不服人民法院的處理意見提出上訴，而被上訴人在法定期限內，就對方民事上訴狀的內容提出答辯所製作的。另外，民事答辯狀有兩種樣式，一種是公民用的民事答辯狀樣式，另一種是法人或其他組織用的民事答辯狀樣式。

民事答辯狀是應訴類民事訴訟實務文書，它充分地體現了民事訴訟當事人權利平等的原則，有利於維護被告人、被上訴人的合法權益，並促使人民法院全面瞭解訴訟雙方的意見和要求，達到公正裁判的目的。

（二）民事答辯狀特徵

1.製作的被動性

民事答辯狀的製作是以民事起訴狀或民事上訴狀的提出，且人民法院對民事案件已經受理為前提的。所以，民事答辯狀的製作具

有被動性，當事人只能在收到人民法院發送的民事起訴狀副本或民事上訴狀副本之後，才可以製作相應的民事答辯狀。

2.提出的限時性

民事答辯狀提出的時限為當事人收到民事起訴狀或民事上訴狀之日起十五日內。

3.論證的針對性

民事答辯狀的內容是針對民事起訴狀或民事上訴狀的內容展開的。所以，民事答辯狀主要是採用反駁的論證方法，對民事起訴狀或民事上訴狀的觀點予以駁斥。

另外，如果當事人有反訴請求，也可以在民事答辯狀中一併提出。但在司法實際中，一般提倡單獨製作民事反訴狀，以便於人民法院對民事案件的受理。

（三）民事起訴狀的結構

1.首部

包括：

（1）標題。居中寫明：「民事答辯狀」或「答辯狀」。

（2）答辯人身分事項。如果答辯人是自然人，應該寫明其姓名、性別、出生年月日、民族、職業和住址；如果答辯人是法人，則必須寫明其名稱、地址，法定代表人姓名、職務，企業性質、工商登記核准號，經營範圍和方式，開戶銀行、帳號。

（3）案由。即案件的性質，文字上可以表述為：「因……一案（寫明當事人姓名和案由），提出答辯意見如下。」

2.正文

民事答辯狀正文部分的內容要點不是固定的，它根據民事起訴狀或民事上訴狀內容的不同而不同。因為它是答辯人針對上兩種文書所作出的答覆和辯解，所以必須注意以下兩點：

（1）答辯要點要有針對性。這裡所指的針對性，是就原告方或上訴方的指控而言的。如果是對對方當事人指控的事實有異議，那麼就針對事實部分進行答辯，並列舉證據，說明事實真相，同時還應該寫明證據來源和證人的姓名、住址；如果是對對方當事人所闡述的理由和引用的法律有異議，那麼就應該具體地引證與之密切相關的法律，充分闡述理由。

（2）答辯要點要有反駁性。民事答辯狀以反駁為主，將駁論與立論兩種方法相結合，對對方當事人的不實或錯誤之處逐點分析，據理反駁。反駁理由要充分，如果對方指控有道理，可以不作解釋和答覆，也可以原則性地表示接受。其他需要說明的情況亦應該如實說明。

反駁可以掌握三個步驟：一是指出對方當事人的錯誤，並以此為反駁的論點；二是列舉客觀的事實和證據，以此作為反駁的論據；三是運用邏輯推理，結合法律進行論證。

3.尾部

尾部主要內容寫法與民事起訴狀相同，只是署名寫「答辯人」，以此替代「起訴人」。

國家圖書館出版品預行編目(CIP)資料

會展文案編寫要領：以中國為例 / 向國敏、丁婷婷、秦蕙蘭、姜秀珍、
李琴 編著 -- 第一版
-- 臺北市：崧燁文化, 2019.01

　面；　　公分

ISBN 978-957-681-744-1(平裝)

1.會議管理 2.展覽

494.4　　　　　　107023156

書　名：會展文案編寫要領：以中國為例

作　者：向國敏、丁婷婷、秦蕙蘭、姜秀珍、李琴 編著

發行人：黃振庭

出版者：崧燁文化事業有限公司

發行者：崧燁文化事業有限公司

E-mail：sonbookservice@gmail.

粉絲頁　　　　　　　　網　址：

地　址：台北市中正區重慶南路一段六十一號八樓 815 室

8F.-815, No.61, Sec. 1, Chongqing S. Rd., Zhongzheng

Dist., Taipei City 100, Taiwan (R.O.C.)

電　話：(02)2370-3310 傳　真：(02) 2370-3210

總經銷：紅螞蟻圖書有限公司

地　址：台北市內湖區舊宗路二段 121 巷 19 號

電　話:02-2795-3656　傳真:02-2795-4100 網址：

印　刷：京峯彩色印刷有限公司（京峰數位）

　　本書版權為旅遊教育出版社所有授權崧博出版事業股份有限公司獨家發行
電子書繁體字版。若有其他相關權利及授權需求請與本公司聯繫。

定價：550 元

發行日期：2019 年 01 月第一版

◎ 本書以POD印製發行